Les Éditions du Boréal
4447, rue Saint-Denis
Montréal (Québec) H2J 2L2
www.editionsboreal.qc.ca

La Forêt vive

DU MÊME AUTEUR

Mythologie esquimaude. Analyse de textes nord-groenlandais, Québec, Centre d'études nordiques, Université Laval, coll. « Travaux divers », 1966.

Carcajou et le sens du monde. Récits montagnais-naskapi, Québec, Éditeur officiel du Québec, 1971.

Le Rire précolombien dans le Québec d'aujourd'hui, Montréal, L'Hexagone, 1977.

Contes indiens de la Basse Côte-Nord du Saint-Laurent, Ottawa, Musée national de l'Homme, coll. « Mercure », n⁰ 51, 1979.

Destins d'Amériques : les autochtones et nous, Montréal, L'Hexagone, 1981.

Le Sol américain : propriété privée ou terre-mère… L'en-deçà et l'au-delà des conflits territoriaux entre autochtones et blancs au Canada, Montréal, L'Hexagone, 1981.

Canada : derrière l'épopée, les autochtones (en collaboration avec Jean-René Proulx), Montréal, L'Hexagone, 1982.

La Voix des autres, Montréal, L'Hexagone, coll. « Positions anthropologiques », 1985.

L'Algonquin Tessouat et la Fondation de Montréal. Diplomatie franco-indienne en Nouvelle-France, Montréal, L'Hexagone, 1996.

Le Premier Matin du monde (en collaboration avec Catherine Germain et Geneviève Côté), Les 400 coups, 2002.

Rémi Savard

La Forêt vive

Récits fondateurs du peuple innu

Boréal

Les Éditions du Boréal remercient le Conseil des Arts du Canada
ainsi que le ministère du Patrimoine canadien et la SODEC
pour leur soutien financier.

Les Éditions du Boréal bénéficient également du Programme de crédit d'impôt pour
l'édition de livres du gouvernement du Québec.

Couverture : Louis-Pierre Bougie, sans titre, 1999.

Diffusion au Canada : Dimedia
Diffusion et distribution en Europe : Les Éditions du Seuil

Données de catalogage avant publication (Canada)
Savard, Rémi, 1934-
    La Forêt vive : récits fondateurs du peuple innu
    Comprend des réf. bibliogr.
    ISBN 2-7646-0327-4
    1. Innu (Indiens) – Folkore. 2. Création – Légendes. 3. Cosmologie indienne
d'Amérique. 4. Cosmologie eurasienne. I. Titre.
E99.M87S282   2004   398.2'089'9732   C2004-941543-3

À Penashue Pepne

Our sense of self — our notion of who we are, from whence we came, and whither we are going — is defined by the tales we tell. We are, in essence, who we tell ourselves we are.

ROY WILLIS, *World Mythology*

Introduction

Les quatre récits examinés dans le présent ouvrage furent enregistrés en langue innue par l'auteur au cours de l'été 1970, à Unaman-shipit (La Romaine), sur la Basse-Côte-Nord du golfe du Saint-Laurent. Mis en présence de tels récits, plusieurs auront encore tendance à parler de *légendes indiennes,* à les écouter d'une oreille distraite ou attendrie et à les qualifier rapidement de naïfs, légers, bucoliques, idylliques ou enfantins. Nous nous proposons de montrer qu'il s'agit là d'une profonde méprise, car ces œuvres orales renvoient à de grandes genèses analogues à celles qu'on reconnaît pour l'ensemble du continent eurasiatique. Ce rapprochement pourra paraître saugrenu à plus d'un lecteur, que diverses raisons empêchent encore de prendre la véritable mesure des civilisations américaines précolombiennes. Force est cependant de constater que ces dernières s'enracinent dans le même type de terreau imaginaire que celui de nos propres traditions artistiques, philosophiques et juridiques. La diversité culturelle n'a de sens que dans la mesure où toutes les civilisations ont beaucoup en commun. On ne peut concevoir la différence entre des entités sans leur avoir au préalable reconnu un commun dénominateur; « deux choses qui ne possèdent aucune base de comparaison, c'est-à-dire aucune particularité commune (par ex. un encrier et le libre arbitre) ne forment pas une opposition », croyait le fondateur de la phonologie (Troubetskoï, 1957, p. 69).

Les Innus, d'hier à aujourd'hui

Ils sont environ 15 000 dans une douzaine de villages, dont dix sont situés dans le Nord-Est québécois et deux sur la côte du Labrador terre-neuvien *(figure 1)*. La sédentarisation débuta au milieu du XIXᵉ siècle à Mashteuiatsh, au Lac-Saint-Jean, et se termina à Utshimassit, sur la côte atlantique, au cours des années 1960. C'est ainsi que la plupart des Innus se retrouvèrent un jour dans ce qu'on a appelé des « réserves[1] ». Ces sites furent choisis par les autorités canadiennes à diverses époques depuis 1853 (Savard, 2002). Les gens de Sheshatshit et d'Utshimassit, sur la côte du Labrador, n'ont été soumis à cette tutelle que depuis 1949, quand la colonie de Terre-Neuve se joignit au Canada. Comme ce fut le cas dans d'autres parties du pays, les Innus ont été probablement plus nombreux qu'on le pense à échapper à l'opération de mise en réserve. Plusieurs cherchèrent à se faire oublier. Dans l'attente de jours meilleurs, certains s'accrochèrent à leur campement principal, généralement situé à l'embouchure d'une rivière importante. Par la suite, ils se mêlèrent aux colons ou aux travailleurs forestiers venus s'installer chez eux. Les autorités gouvernementales de l'époque ne s'en inquiétèrent pas outre mesure, estimant sans doute qu'elles n'auraient rien à débourser pour l'assimilation des descendants innus. Moins visibles que ceux qui habitent les réserves, certains commencent néanmoins à s'afficher pour ce qu'ils sont. Et ce, au moment où de nombreux Innus « inscrits » *sortent de leur réserve,* pour ainsi dire. En effet, depuis quelques années et pour diverses raisons, près de quarante pour cent d'entre eux passent le plus clair de leur temps dans des centres urbains du Québec, de Terre-Neuve ou d'ailleurs. L'avenir dira si ces diverses catégories d'Innus sauront se retrouver : ceux qui habitent encore les réserves, ceux dont les parents ou les grands-parents avaient déjà quitté celles-ci et ceux dont les ancêtres n'y sont jamais allés.

Pour revenir à la douzaine de villages mentionnés, ils résultent pour la plupart de la fusion de quelques groupes familiaux, dont les territoires se trouvaient généralement dans les bassins de rivières plus ou moins éloignées les unes des autres. On compte de quelques centaines à quelques milliers de personnes par village, dont plusieurs tirent encore une partie de leur subsistance de la chasse, de la pêche et de la cueillette ; ces activités y sont pratiquées, il va sans dire, avec des moyens techniques qui étaient inconnus de leurs ancêtres, comme c'est le cas pour nos cultivateurs, nos pêcheurs et nos bûcherons. D'autres, surtout (mais pas uniquement) dans le sud-ouest du territoire, pratiquent la médecine ou le droit, possèdent un diplôme en soins infirmiers, enseignent, font du travail social, mènent une carrière artistique (poésie, chant, théâtre, peinture, musique, etc.) ou dirigent divers types d'entreprises privées ou publiques (construction, commerce, loisirs, transport, fonction publique, etc.). Plusieurs participent de diverses façons à la restauration de tissus sociaux passablement abîmés par les traumatismes coloniaux : agressions virales du début, suivies de la série noire des mesures d'assujettissement amorcées au milieu du XIXe siècle, dont certaines n'ont jamais cessé depuis *(ibid.)*.

Antérieurement à ce regroupement en bandes régionales, selon José Mailhot, « l'organisation sociale chez les Innus était basée sur des unités plus petites et mieux articulées qu'on appelle bandes locales. Elles étaient constituées de moins d'une centaine d'individus étroitement reliés entre eux, et chacune occupait un bassin de rivière différent, dont elle tirait en général son nom (Rogers 1969 ; Leacock 1969). Durant la plus grande partie de l'année, elles étaient subdivisées en groupes de chasse » (Mailhot, 1993, p. 53). Ces derniers se réunissaient au printemps pour descendre à l'embouchure de leur rivière, ou encore sur les rives d'un grand lac alimenté par plusieurs cours d'eau. Après quelques semaines, ils remontaient ensemble la même rivière jusqu'au lieu de la rencontre printanière, à partir duquel, l'hiver venu, ils se répartissaient pour tirer leur subsistance de territoires situés dans le même grand bassin. L'ensemble de ces bandes locales occupaient ainsi plusieurs rivières du Nord-Est québécois et du Labrador terre-neuvien. La péninsule du Québec-Labrador ayant plus ou moins la forme d'un cône dont le sommet aurait été tronqué, ces grands cours d'eau coulent en s'éloignant les uns des autres, un peu à la manière des grandes avenues s'étirant depuis la place de l'Étoile, à Paris. En hiver, les contacts entre les groupes de chasse de différentes bandes locales étaient recherchés, car le régime matrimonial innu prévoyait que les jeunes rejoignent ceux de leurs futurs conjoints (ou conjointes), qu'ils devaient choisir en dehors de la bande au sein de laquelle ils avaient vu le jour. Partis de Tadoussac en août, ils pouvaient ainsi se retrouver, l'été suivant, à l'embouchure d'une rivière coulant sur la Basse-Côte-Nord ou dans l'Atlantique Nord. Quelques années plus tard, leurs enfants en faisaient autant. Deux facteurs favorisaient la fréquence de tels échanges de personnes entre bandes locales : d'une part, l'espérance de vie, assez faible à l'époque, et le mode de production domestique donnaient lieu à de multiples remariages ; d'autre part, l'étonnante extensibilité du système de parenté permettait aux Innus d'être accueillis par des parents dans la plupart des bandes locales (*ibid.*, p. 109-136). Le territoire exploité par l'ensemble de ces bandes était plus ou moins délimité par la ligne de hauteur des grands versants, dont les eaux s'écoulent dans le golfe du Saint-Laurent et l'Atlantique Nord. Il s'agit là d'un vaste territoire, à propos duquel, où qu'ils aient été aux diverses périodes de leur vie, les Innus étaient nombreux à disposer d'une somme d'informations régulièrement mises à jour sur l'état des cheptels et des forêts, ainsi que sur les possibilités de mariage tant pour eux que pour leurs enfants. Le nomadisme ne ressemble en rien à ce que s'imaginent généralement les gens qui ne l'ont jamais pratiqué. C'est ainsi que l'horizon territorial d'un Innu allait bien au-delà du bassin de la rivière près de laquelle il avait grandi, et même, dans certains cas, du vaste espace représenté par la somme des bassins exploités par l'ensemble des bandes locales innues. En effet, un jeune homme ou une jeune fille pouvait être le bienvenu dans le bassin d'une rivière s'écoulant dans la baie James ou dans la partie supérieure du Saint-Laurent, si une famille crie, attikamek ou autre en quête d'un conjoint ou d'une conjointe y trouvait son compte. De la même façon, des groupes innus accueillirent plusieurs jeunes hommes venus de peuples autochtones voisins ou éloignés, même de la France ou d'ailleurs. Les descendants de telles unions mixtes, comme on le verra bientôt, adoptèrent généralement le mode de vie, la langue et l'imaginaire des Innus.

Quant aux frontières d'une telle entité politique, elles n'avaient pas la rigidité à laquelle nous associons généralement cette notion de géopolitique. Pour les observateurs étrangers, les limites d'un tel territoire *national* ont souvent semblé floues. C'est un fait qu'elles pouvaient bouger d'une génération à l'autre, en fonction d'arrangements matrimoniaux conclus avec des groupes de chasse œuvrant ailleurs que dans des bassins de l'Atlantique Nord et du golfe du Saint-Laurent. Une telle fluidité convenait parfaitement aux régimes politiques et fonciers de ce type de société. Pour ce qui est de la fixité légendaire de nos propres frontières, faut-il rappeler qu'elles se sont étendues de façon accélérée depuis 1870 ? On me permettra de signaler que le Canada de mon grand-père paternel était environ dix fois moins grand que celui d'aujourd'hui, que son Bas-Canada était près de deux fois plus petit que mon Québec et enfin que j'étais déjà âgé de quatorze ans quand la colonie anglaise de Terre-Neuve rejoignit la Confédération canadienne, ce qui a ainsi réduit la superficie du Québec.

En ce qui a trait à la gouvernance, elle était on ne peut plus décentralisée. Des conflits, même violents, pouvaient se développer entre gens de différentes rivières, voire entre groupes familiaux à l'intérieur du même bassin, ce qui a conduit les premiers visiteurs européens à croire qu'ils étaient en présence d'un ensemble de petites nations. Il est vrai que chaque groupe de chasse (15 à 20 personnes) était entièrement responsable de sa subsistance et du règlement de ses conflits internes. Au sein de ces groupes de chasse, la gouvernance était exercée par une personne d'expérience. À l'occasion des rencontres printanières réunissant pour quelques semaines tous les membres de la bande, ces *guides* en profitaient pour faire ensemble le tour des dossiers de l'heure : état des cheptels, incendies de forêt, besoins en matière de conjoints et de conjointes, conflits survenus entre petits groupes de chasse durant l'hiver, présence étrangère sur le territoire, etc. Pour ce qui était de l'ensemble formé par toutes les « bandes locales », le régime matrimonial exogame[2] incitait celles-ci à compter les unes sur les autres pour maximiser la reproduction biologique et sociale (transmission de la langue et des divers types de savoir : social, technique, biologique, médicinal, rituel, etc.). Cela contribuait du même coup au développement d'une conscience collective, d'un savoir commun et d'une culture générale pour l'ensemble des Innus. Le caractère hautement décentralisé de ce type de gouvernance et l'absence d'institutions spécialisées (politiques, économiques, religieuses) faisaient de cette société une entité dont le maintien reposait sur la souplesse et la solidité des liens familiaux unissant l'ensemble des « bandes locales » réparties sur le territoire *national*. C'est en pensant à de telles sociétés qu'on a pu écrire : « Ici, nulle "économie", nul "gouvernement" socialement distinct ; mais seulement des groupes et des rapports sociaux aux multiples fonctions, que nous distinguons selon leur action : "économique", "politique", et ainsi de suite » (Sahlins, 1976, p. 238, n. 1). On peut résumer le dossier de la gouvernance en disant que cette fonction s'exerçait collectivement grâce à un réseau de petites unités reliées les unes aux autres par des alliances matrimoniales. Réparties dans différents bassins de rivière, ces bandes locales étaient entièrement responsables d'en tirer leur subsistance, tout en entretenant ces territoires au profit des générations futures.

Ce mode de vie, esquissé à gros traits et de façon forcément schématique, est déjà en grande partie chose du passé. Il résultait d'ailleurs lui-même de multiples adaptations à des conditions nouvelles, apparues depuis le milieu du XVIᵉ siècle : traite des fourrures, épidémies dévastatrices, tutelle gouvernementale, présence de gardes-pêche et de gardes-chasse, etc. Les Innus ont réussi à composer avec ces nouvelles données dans leur environnement, tout comme ils avaient sans doute eu l'occasion de le faire plusieurs fois avant l'arrivée des Européens. Le défi qu'ils doivent relever aujourd'hui n'est pas moins exigeant. C'est aussi de cela que nous parlent, à leur façon, leurs récits fondateurs.

Les *Montagnais* de Samuel de Champlain

François du Pont Gravé, ancien capitaine de marine devenu commerçant, avait déjà fait des affaires « jusqu'à Trois-Rivières avant 1599 » (Trudel, 1963, p. 238 ; 1966, p. 355-356). En 1600, il s'était rendu à Tadoussac, pour la fourrure, en compagnie du marchand huguenot Pierre Chauvin. C'est sans doute au retour de ce voyage, et dans des circonstances non documentées, qu'ils ramenèrent deux Innus à la cour de France. « Nous retrouvons Gravé du Pont, en 1603, au service d'Aymar de Chaste, le nouveau titulaire du monopole [de la fourrure] : il dirige l'expédition à laquelle Champlain s'est joint en observateur et il ramène deux sauvages qu'il avait conduits en France lors d'un voyage précédent » (Trudel, 1966, p. 356). Chauvin était également de cette traversée en 1603. Au cours des deux années précédentes, après un séjour qu'il aurait fait dans les colonies espagnoles d'Amérique, on avait souvent vu Champlain à la cour de France. Intéressé sans doute par les informations qu'il espérait tirer de ce dernier, Henri IV ne semble pas lui avoir ménagé ses faveurs. Depuis la toute récente fin des guerres de religion et la mort de Philippe II, la France s'était remise à rêver elle aussi d'un morceau d'Amérique. Et, qui sait, de bâtiments français chargés d'or voguant vers la Bretagne. Il serait donc bien étonnant que ce pensionné du roi n'ait pas eu l'occasion de rencontrer les visiteurs innus, comme Montaigne qui s'était entretenu quelques années auparavant avec des gens originaires du Brésil. Du moins les a-t-il croisés au port d'Honfleur le

15 mars 1603, au départ de l'expédition de Pont Gravé. Selon l'historien Trudel, « Champlain monte à bord de la *Bonne-Renommée* comme simple passager. Il n'exerce aucune fonction précise ; il n'est pas encore capitaine de la marine. Lorsqu'il publie sa relation, à son retour, aucun titre ne suit son nom. [...] Il s'embarqua en simple observateur en 1603 et sa présence en ce voyage serait passée inaperçue s'il n'avait publié sa relation ; il est d'ailleurs le seul à nous raconter ce voyage » (*ibid.*, p. 193). Rien n'interdit de croire qu'il ait eu l'occasion, durant la traversée de 1603, de s'entretenir avec les Innus retournant chez eux après un séjour en France qui a duré près de trois ans. Il mit les pieds chez eux pour la première fois le 27 mai 1603. Et s'il y fut si bien reçu par le chef Anadabijou et ses alliés malécites et algonquins, alors réunis à l'embouchure du Saguenay pour célébrer leur récente victoire contre les Iroquois, c'est que les deux Innus venus de France avec lui étaient porteurs d'une offre d'alliance de la part d'Henri IV.

Ce n'était probablement pas la première fois que des Innus voyaient des Européens passer et même, dans certains cas, s'arrêter chez eux. Entre le début du deuxième millénaire et la fin du XVe siècle, des voyageurs se rendirent au Labrador et à Terre-Neuve. Certains y firent des séjours prolongés. « L'archéologie a confirmé l'existence, pendant *deux ou trois siècles,* d'un établissement viking à Terre-Neuve » (Trudel, 2001, p. 12 ; je souligne). On pense que Gaspar Corte Real, explorateur au service du Portugal, se serait rendu à Terre-Neuve dès 1500. De retour l'année suivante avec son frère Miguel, il aurait alors eu des contacts avec des Amérindiens. Gaspar décida même d'y passer l'hiver. Son frère retourna au Portugal, puis revint au printemps. « On ne les reverra plus ni l'un ni l'autre : quelles explorations ont-ils faites ? Où sont-ils morts ? On croit qu'ils ont remonté le Saint-Laurent et s'y sont perdus » (*ibid.*, p. 14). Même si les Corte Real sont surtout connus pour leurs contacts avec les habitants de Terre-Neuve, il n'est pas impossible qu'ils aient rencontré des Innus. Dès le début du XVIe siècle, des pêcheurs de morue normands, bretons et basques affluèrent chaque été dans le golfe du Saint-Laurent (Brasseur de Bourbourg,

1852, p. 4-5). Le 5 août 1534, alors qu'il explorait le passage entre l'île d'Anticosti et la côte nord du Saint-Laurent, Cartier rencontra à la pointe de Natashquan une douzaine d'hommes accompagnant un capitaine basque nommé Thiénnot, dont les vaisseaux « tous chargés de poisson » étaient ancrés plus bas. Ces gens, note Cartier, « vindrent ausi franchement à bord de noz navires que s'ilz eussent esté francoys ». Ce qui fait dire aux historiens qu'il devait s'agir d'Innus (Bideaux, 1986, p. 120, n. 332). La remarque de Cartier laisse penser que ces gens avaient l'habitude des étrangers. Pour en revenir à Cartier, qui les connaissait déjà, ses voyages subséquents (1535 et 1541) et celui de son rival Roberval (1542) n'ont sans doute pas échappé aux Innus. Quelques décennies plus tard, ce sera au tour du neveu de Cartier de sillonner le Saint-Laurent pour poursuivre les explorations de son oncle (Trudel, 1966, p. 176), tandis que la pêche européenne s'intensifiait sur les côtes de Terre-Neuve. « En une seule année (1578) cent cinquante bateaux pêcheurs français s'y étaient rencontrés, et un de nos marins, avant 1609, avait fait plus de quarante fois le voyage de l'Amérique » (Brasseur de Bourbourg, 1852, p. 11).

Pour en revenir à la rencontre de 1603, elle eut lieu plus précisément à environ quatre kilomètres à l'ouest de l'embouchure du Saguenay, en un endroit plus tard connu sous le nom de Pointe de Saint-Mathieu. Dans sa relation publiée la même année, Champlain désignait les gens d'Anadabijou par le terme « Montaignez » ; on y trouve aussi les formes « Montagné » et « Montagnez » (Giguère, 1973, p. 65-127). Compte tenu du nombre d'Européens qui ont circulé dans les parages au cours du siècle ayant précédé l'arrivée de Champlain en 1603, il est bien probable que « Montagnais » ait été en usage depuis longtemps chez les voyageurs européens. C'est sans doute ce terme que Pont Gravé utilisa lors de conversations antérieures tenues avec Champlain à la cour de France ou durant la traversée.

« Montagnais » est resté dans l'usage tant officiel que populaire depuis le régime français jusqu'à récemment, surtout chez les descendants de colons installés au Québec, ainsi que dans une

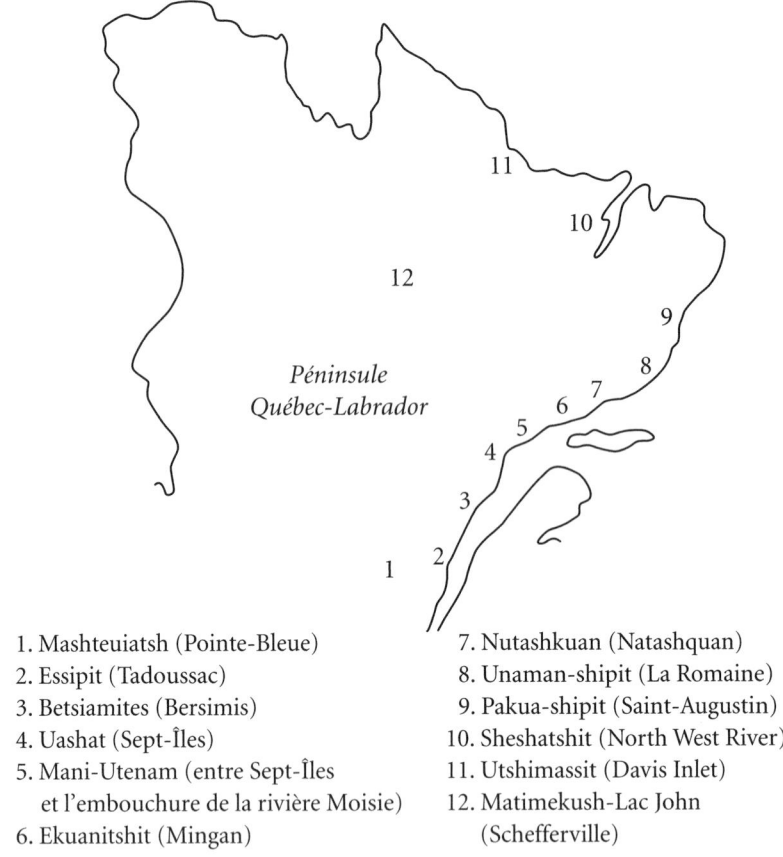

1. Mashteuiatsh (Pointe-Bleue)
2. Essipit (Tadoussac)
3. Betsiamites (Bersimis)
4. Uashat (Sept-Îles)
5. Mani-Utenam (entre Sept-Îles et l'embouchure de la rivière Moisie)
6. Ekuanitshit (Mingan)
7. Nutashkuan (Natashquan)
8. Unaman-shipit (La Romaine)
9. Pakua-shipit (Saint-Augustin)
10. Sheshatshit (North West River)
11. Utshimassit (Davis Inlet)
12. Matimekush-Lac John (Schefferville)

Figure 1. Localisation des communautés innues contemporaines.

certaine littérature académique tant canadienne qu'américaine. Les premiers concernés, sans doute par souci d'efficacité, l'utilisaient encore récemment dans leurs conversations avec des francophones, ainsi que dans des documents présentés aux autorités gouvernementales. Il va sans dire que ce ne fut jamais le cas lorsqu'ils se parlaient entre eux dans leur langue. Dans ce contexte, comme tous les peuples de langue algonquienne (annexe 1), ils n'ont jamais cessé d'utiliser *innu* ou une de ses variantes : « Presque tous s'appelaient "hommes", *ilnuts* en montagnais, *iyuts, inut^c* dans les nombreux dialectes naskapis » (Speck, 1925a, p. 268). Ce terme signifie « être humain », dans le sens d'« être vivant autre que les plantes, les animaux et les personnages fantastiques associés aux divers recoins du cosmos ». On l'entend sous cette forme à Mashteuiatsh (Pointe-Bleue), à Matimekosh (Schefferville), dans les communautés de la Côte-Nord (Uashat, Mani-Utenam, Ekuanitshit, Nutashkuan, Unaman-shipit et Pakua-shipit) ainsi que sur la côte du Labrador (Utshimassit et Sheshatshit) *(figure 1)*. Attaché au nom d'une rivière, il sert à désigner les gens du groupe identifié à ce cours d'eau. Aujourd'hui encore, les Innus ont tendance à l'appliquer aux membres de tous les peuples autochtones des Amériques : Cris, Mohawks et Kwakiutls du Canada, Sioux des États-Unis, Kunas du Panama, Bororos du Brésil, etc. Le chasseur William Mathieu Mark, d'Unaman-shipit, disait :

> Maintenant, depuis que nous sommes baptisés, on nous désigne sous le nom de « Montagnais ». C'est sans doute à cause des grosses montagnes qu'il y a à Sept-Îles ! Et depuis quelque temps, il y en a d'autres qui nous appellent « Amérindiens ». Ils nous donnent tous ces noms selon leur volonté, sans jamais se soucier de notre vrai nom qui est « Innu ». « Innu » c'est notre nom qui respecte notre façon de vivre. […] Il y a d'autres nations qui portent ce nom et elles font partie du grand peuple innu. Nous parlons différemment des Innus qui ont des plumes mais nous sommes tous innu (Jauvin, 1993, p. 9).

Les Innus n'ont jamais utilisé ce terme pour désigner les Européens. Ils firent plutôt appel à des expressions descriptives comme *mishtikushu* (embarcation de bois), pour les Français et leurs descendants, ou encore *kauapishit* (celui qui est blanc).

Récits oraux des Innus

Unilingue innu, le conteur François Bellefleur était alors âgé de 67 ans. Sur place et en ma présence, Matthew Rich, de Sheshatshit, procéda à une première transcription des documents sonores, à laquelle s'ajouta une traduction anglaise juxtalinéaire ayant nécessité des précisions et des explications de la part du conteur. De retour à Montréal, transcriptions et traductions furent améliorées par Joséphine Bacon et José Mailhot. La première, comme Matthew Rich, est de langue maternelle innue. La seconde est ethnologue et maîtrise parfaitement cette langue. En contact depuis le milieu des années 1960 avec les diverses communautés innues, elle fait autorité en matière de langue, d'histoire et d'organisation sociale de ce peuple. C'est à partir de tout ce matériel que j'ai mis au point le texte français des quatre récits présentés ci-dessous. Ceux-ci contiennent de légères modifications par rapport aux versions parues antérieurement. Je prends l'entière responsabilité des erreurs qui auraient pu s'y glisser.

Le narrateur qualifiait ces récits d'*atanukan,* dont on dit qu'ils furent transmis aux gens par des personnes autres qu'humaines, dans le cadre d'un rituel dont il sera question à propos du second récit. On retrouve ce terme dans plusieurs langues algonquiennes (Hewson, 1993) : il s'agit d'un genre classique, dont nous ne connaissons souvent que les anciennes productions sur lesquelles nos cultures se sont érigées (l'épopée de Gilgamesh, l'Ancien Testament de la Bible, etc.). Ces récits ont pour objectif de faire coïncider l'apparition de deux ordres de réalité : d'une part, l'ensemble des règles permettant la reproduction de la société dont les destinataires de cet acte de communication sont membres ; d'autre part, rien de moins que la totalité du cosmos (alternance du jour et de la nuit, cycle saisonnier, vie et mort, variété des espèces animales et végétales dont la nôtre, etc.). On comprendra qu'on est ici en présence d'une pédagogie avant tout locale, destinée à donner un sens à ce qui au départ en est totalement dépourvu, soit la condition humaine. Toutes les civilisations (mésopotamienne, hébraïque, grecque, chinoise, japonaise, arabe, hindoue, inuite, toungouze, etc.) ont créé de telles œuvres. Mais, en raison de contingences historiques bien connues (expansion coloniale au XVIe siècle), la tradition de pensée européenne a réservé un traitement particulier aux versions américaines. Comme d'autres provenant de « barbaries » diverses (Afrique, Orient proche ou moyen, etc.), ces œuvres ont été confiées aux bons soins de savants cliniciens (historiens des religions, anthropologues ou ethnologues), pour aboutir finalement au rayon des *curiosités*. Pour des raisons évidentes, ce phénomène s'est accentué de ce côté-ci de l'Atlantique, au fur et à mesure que les héritiers américains des entreprises coloniales européennes coupaient les ponts avec leurs métropoles.

Pour les Innus, les récits transcrits dans le présent ouvrage n'ont jamais eu d'existence autre que celle de performances narratives sonores. En cela, ils ne diffèrent pas des grandes genèses du monde. Pour avoir accédé à ces dernières par le livre, on a fini par oublier l'importance du substrat oral qui les a d'abord portées. Paul Zumthor avait attiré l'attention sur le rôle de la voix humaine dans la poésie orale : « [...] la voix est vouloir-dire et volonté d'existence » (Zumthor, 1983, p. 11). Nous aurions donc eu tort, selon lui, de la réduire à un substrat de fortune pour une humanité en attente d'écriture. Il croyait au contraire qu'elle contribuait « de sa pleine matérialité à la signifiance du texte » (*id.*, 1987, p. 20). « [...] une voix sans langage (le cri, la vocalise), écrivait-il, n'est pas assez différenciée pour "faire passer" la complexité des forces désidérales qui l'animent ; et la même impuissance affecte, d'une autre manière, le langage sans voix qu'est l'écriture. Nos voix ainsi exigent à la fois le langage et jouissent à son égard d'une liberté d'usage presque parfaite, puisqu'elle culmine dans le chant » (Zumthor, 1983, p. 10). De la même façon, les éléments de l'histoire racontée (images, petits tableaux, etc.) sont à la fois objets du récit et matériaux entrant dans la production d'énoncés philosophiques distincts de l'intrigue, mais renvoyant eux aussi, comme le fait déjà la voix qui raconte, au « vouloir-dire » et à la « volonté d'existence » des gens auxquels s'adresse le conteur. Il y a là quelque chose rappelant le constat déjà ancien de Claude Lévi-Strauss au sujet de ce genre de performance, à savoir qu'elle faisait appel à « un langage qui travaille à un niveau très élevé, et où le sens parvient, si l'on peut dire, à *décoller* du

fondement linguistique sur lequel il a commencé par rouler »
(Lévi-Strauss, 1958, p. 232). Soulignons que, au « niveau très
élevé » dont parlait Lévi-Strauss, la dimension *jeu* est aussi omni-
présente que dans la poésie orale médiévale[3]. Ce très vieil art de
raconter est fait essentiellement de pirouettes sémantiques, de
tours de prestidigitation verbale, de contrepèteries portant non
pas sur des syllabes mais sur des genres d'icône dont ces récits sont
finement tissés. Un peu comme on fait *parler* un kaléidoscope en
le tournant, entraînant ainsi dans une chorégraphie imprévisible
les multiples fragments de verre multicolores qu'il contient, le
conteur jongle avec les images prises entre les mailles de son récit
pour construire d'éphémères tableaux sonores, dont les débris lui
servent à en monter d'autres tout aussi inattendus qu'éphémères.
Bref, un feu roulant d'images produisant des énoncés aussi abs-
traits que ceux de philosophes patentés, sans pour autant avoir
jamais quitté le terrain du concret. N'est-il pas significatif que, dès
leur arrivée dans la vallée du Saint-Laurent, les missionnaires aient
qualifié de « jongleurs » ceux qu'ils voyaient comme leurs rivaux
au sein des populations exposées à leur prosélytisme ? Surtout que
l'histoire de ce mot renvoie tout autant à la poésie orale médiévale
que, d'une certaine façon, à celle des conteurs d'*atanukan* :

> Au Moyen-Âge, le jongleur était un ménestrel ambulant qui
> récitait ou chantait des vers en s'accompagnant d'instruments
> dans les cours seigneuriales et les villes. C'était même un artiste
> universel, puisqu'il montrait aussi des animaux savants, faisait
> des tours d'escamoteurs et d'acrobates, et vendait à l'occasion
> des onguents et des herbes médicinales. Il est probable que, par
> la suite, les tours d'adresse aient pris une part plus importante :
> au XVIe siècle le mot désigne une personne qui fait des tours
> (1549) et est presque synonyme de bateleur. Il prend au
> XVIe siècle (v. 1572) son sens moderne de « personne qui lance
> adroitement des objets en l'air ». Dès le XIIIe siècle, il est parfois
> employé au sens figuré de « personne habile à manipuler les
> choses, les êtres, les mots », issu du sens large de l'ancien fran-

çais [...]. Au XIIIe siècle, le mot était également répertorié avec le sens spécial, aujourd'hui hors d'usage, de « devin qui guérit ou prédit l'avenir », « sorcier, chez les Amérindiens », par analogie du sens médiéval (Rey, 1998).

C'est cette dimension du phénomène qui avait frappé Claude Lévi-Strauss dès les années 1950. Il avait cru utile de l'illustrer au moyen d'une relation quaternaire du genre : A est à B comme C est à D, dans laquelle le dernier des quatre termes, soit D, présentait des caractéristiques pour le moins inattendues (Lévi-Strauss, 1958, p. 252-253). Mais les milieux universitaires de l'époque n'étaient pas prêts à accueillir une telle proposition. On y vit un parti pris de formalisme incapable de rendre compte de la spécificité du phénomène, qu'on cherchait plutôt dans une psychologie des émotions ou encore dans un aveuglement idéologique de type *opium du peuple*. Plus récemment, certains chercheurs, férus de formalisme et de logique mathématique, prirent la formule à la lettre et tentèrent d'en explorer les possibilités bien au-delà sans doute de ce que Lévi-Strauss avait pu imaginer. Ce dernier a parfois paru étonné qu'on accorde tant d'importance à ce qui n'était qu'un raccourci, pour illustrer ce qu'il croyait par ailleurs être une dimension fondamentale du phénomène. Nous aurons l'occasion de vérifier toute la justesse de cette intuition. Jusqu'à ce jour, elle est demeurée, à notre avis, celle qui a le mieux cerné la spécificité de cette très ancienne forme d'art.

Le conteur

François Bellefleur[4] était de la communauté d'Unamanshipit quand j'ai commencé à travailler avec lui, à l'été 1970. Né le 11 mars 1903, il avait été baptisé le 27 mai de la même année à Musquaro, où s'est longtemps tenue la mission catholique de la Basse-Côte-Nord du Saint-Laurent. Le 24 juin 1925, le père Doucet y bénissait son mariage avec Madeleine Bellefleur. Il mourut

Figure 2. Le conteur François Bellefleur en 1970 (photo : Serge Jauvin).

le 13 janvier 1978. Ce patronyme est assez répandu dans cette partie de la Côte-Nord. Voici ce qu'en dit le généalogiste Serge Goudreau :

> Les familles Bellefleur de souche montagnaise descendent d'un canadien, Alexis Grezi dit Bellefleur (1762-1827), qui s'est implanté en basse Côte-Nord au début du XIXᵉ siècle. Ses descendants ont adopté les mœurs et coutumes des Montagnais de la basse Côte-Nord. Parmi les enfants d'Alexis Bellefleur, nous avons identifié trois de ses fils qui se sont mariés à des

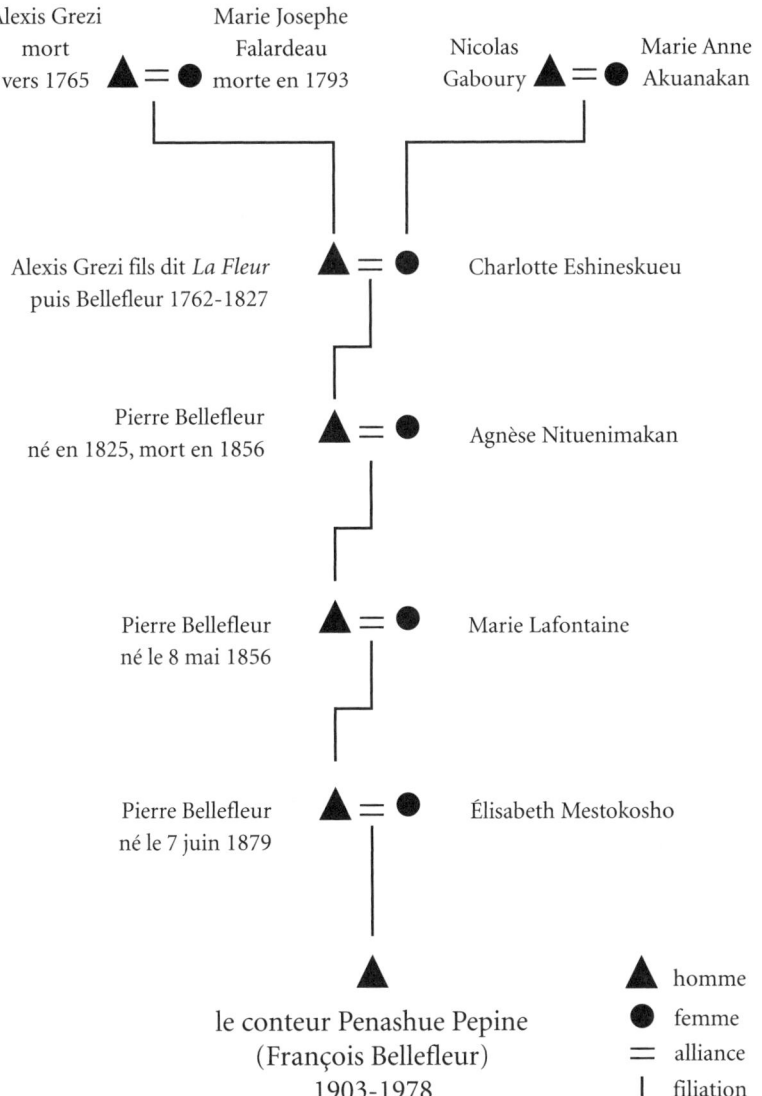

Figure 3. De *Grezi* à *Pepne* : éléments de la généalogie du conteur.

Montagnaises de la région. Alexis Bellefleur, fils, est déjà marié en 1834 selon le journal de poste de Mingan. Il se serait remarié le 6 juillet 1850 à Jeannette, le 26 juillet 1859 à Françoise Mestokosho et le 22 juillet 1878 à Cécile. Son frère François-Xavier est marié à Marie Martin alors que son autre frère Pierre serait l'époux d'Agnès Ntuelimagan[5] (marié avant 1846). Il semble que Pierre Bellefleur ait été le plus prolifique des enfants du canadien Alexis Bellefleur (Goudreau, 2000, p. 206).

Les parents du conteur, Pierre Bellefleur et Élisabeth Mestokosho, s'étaient également mariés à Musquaro le 7 juin 1899. Ce Pierre Bellefleur, né le 27 juin 1879, aurait été baptisé par l'oblat Babel, le 3 juin 1880. Son père, qui se nommait aussi Pierre, épousa Marie Lafontaine, à Ekuanitshit, le 16 juin 1873. Ce mariage fut béni par l'oblat Arnaud. Les grands-parents paternels du conteur étaient également de la communauté d'Unamanshipit. Or ce grand-père, né le 8 mai 1856, était le fils d'un troisième Pierre Bellefleur, né vers 1825, et d'une dénommée Agnèse Nituenimakan[6]. Le mariage de ces derniers aurait eu lieu avant 1846. Cet arrière-grand-père du conteur, le premier à porter le prénom de Pierre, était le fils de Charlotte Eshineskueu, d'Ekuanitshit, et d'un commis nommé Alexis Grezi, né en 1762 d'un couple de colons français : Alexis Grezi et Marie Josephe Falardeau. Alexis père mourut vers 1765. Son fils abandonna alors le patronyme de Grezi pour le surnom de Lafleur, lequel devint assez rapidement Bellefleur. De 1804 à 1827, année de son décès à Québec, Alexis fils travailla pour la McTavish, Frobisher and Company dans la seigneurie d'Ekuanitshit (Mingan[7]).

Les orphelins du ciel :
la naissance d'un mode de vie

1

Tshakapesh dit à sa femme : « Viens avec moi chercher de l'écorce de bouleau. » Ils se rendirent près d'une montagne escarpée, dont les versants étaient boisés. On y trouvait différents végétaux, plus particulièrement du bouleau. C'est là qu'ils rencontrèrent Katshituasku[1], qui les tua. Ces gens avaient une fille. Et comme ses parents tardaient à revenir, elle décida d'aller à leur recherche. Elle trouva l'endroit où ils avaient été tués. Tout ce qui restait d'eux était son frère cadet. Minuscule, il était encore dans l'utérus que Katshituasku avait arraché du ventre de la femme. Mais il ne l'avait pas mangé. Elle le rapporta au campement et le déposa dans un pot de bois, qu'elle s'empressa de refermer au moyen d'un morceau d'écorce de bouleau.

Peu après, le bébé fit sauter ce couvercle en bondissant hors du pot. Déjà, il pouvait s'asseoir et cherchait même à s'amuser. « Fais-moi un arc et des flèches », demanda-t-il à sa sœur aînée. Elle lui en fabriqua un à sa taille et il alla jouer à l'extérieur[2]. Mais ce jouet ne tarda pas à se briser. Sa sœur en fit un autre, qui ne résista pas plus que le premier. Et à force de remplacer ainsi les arcs brisés par d'autres de plus en plus gros, sa sœur fut obligée de tailler le dernier dans un arbre entier. Ce jeune garçon grandissait vite. Aussi en vint-il rapidement à s'interroger sur le fait que sa sœur et lui vivaient seuls. « Pourquoi n'avons-nous pas de parents ? demanda-t-il. Pourquoi n'y a-t-il que nous deux ? Comment se fait-il que notre père et notre mère ne soient pas là ? — Katshituasku les a tués un jour qu'ils étaient allés faire provision d'écorce de bouleau, répondit sa sœur. Comment pourraient-ils être avec nous ? C'est moi qui t'ai recueilli. Tu étais encore dans l'utérus, seule partie de nos parents que Katshituasku n'avait pas mangée. » Comme il s'apprêtait à partir pour la chasse, il demanda à sa sœur où se tenait ce Katshituasku. « Oh ! ne t'avise surtout pas d'aller près de la falaise où il se tient généralement, tu n'en viendrais jamais à bout, s'empressa-t-elle de lui dire. — Assez, ma sœur aînée, dit-il alors, tes paroles me font peur ! » Et il ajouta, pour la rassurer : « J'irai ailleurs. » Il partit même dans une direction opposée à celle que, pour leur malheur, ses parents avaient prise. Mais, tout en décochant des flèches ici et là, il finit par se convaincre qu'il ne devait pas croire sa sœur. Et quand il fut certain qu'elle ne pouvait plus le suivre des yeux, il mit le cap vers la montagne dont elle lui avait parlé et commença même à l'escalader. Il était encore bien petit. Ayant trouvé les nombreuses pistes d'ours, il fila tout droit à travers elles. Et comme la forêt devenait de plus en plus dense, toutes ces traces convergeaient en une seule piste, dans laquelle il s'engagea.

En montant, il se mit à chanter : « Je veux rencontrer Katshituasku, celui qui a tué mon père et ma mère. » L'ayant entendu, le monstre dit : « Ah ! Ah ! Voilà mon laissé-pour-compte qui s'amène ! Ours noir, va donc à sa rencontre. Il mourra de peur dès qu'il te verra. » Ours noir avait à peine commencé sa descente que Tshakapesh comprit, au bruit de ces pas, que ce n'était pas Katshituasku. Et quand l'ours noir déboucha hors de la forêt en lui demandant ce qu'il voulait, Tshakapesh lui lança : « Je cherche Katshituasku, celui qui a tué mon père et ma mère. Ce n'est pas à toi que j'ai affaire. Et fais surtout bien attention à ce que tu fais, sinon tu risques de voir ce que je pourrais faire de toi ! Retourne d'où tu viens. » Apprenant ce qui s'était passé, les autres ours dirent : « À ton tour d'y aller, Ours blanc. Vas-y. Il mourra de peur en te voyant. » Tshakapesh entendit Ours blanc se dresser sur ses pattes et commencer à descendre vers lui. « Ce n'est pas encore celui que je veux rencontrer », se dit-il. Ours blanc sortit de la forêt et demanda à Tshakapesh ce qu'il voulait. Celui-ci répondit : « Je cherche Katshituasku, celui qui a tué mon père et ma mère. Retourne d'où tu viens, toi aussi. » Devant cette seconde rebuffade, les autres ours furent unanimes à proposer à Matashuo[3] de prendre les choses en main. « Il n'y a aucun doute qu'en te voyant, la peur le fera immédiatement mourir », dirent-ils. Matashuo se leva et se mit en marche. Au bruit de ses pas, Tshakapesh comprit que ce ne serait pas encore Katshituasku. Lorsque Matashuo sortit de la forêt, il y alla de la même question que ses prédécesseurs et reçut la même réponse qu'eux. Tshakapesh se montra encore plus cinglant cette fois, ajoutant un sérieux avertissement à tout émissaire éventuel que Katshituasku serait encore tenté de lui envoyer : « On pourrait bien se rendre compte de ce dont je suis capable. » Cela mit Katshituasku dans une colère telle qu'il décida de se charger lui-même de celui dont il était convaincu qu'il ne survivrait pas à sa vue. Tshakapesh l'entendit se lever et commencer à descendre. Il courut aussitôt enterrer son arc et ses flèches au pied de la montagne. « Après m'avoir flairé et léché, il me projettera avec son museau », se disait-il. Quand Katshituasku sortit de la forêt, Tshakapesh était étendu dans son sentier et feignait d'être mort. « Est-ce bien celui qui souhaitait tant me rencontrer ? Il lui aura suffi de m'entendre pour mourir ! », ironisa Katshituasku. Il se mit à le déplacer à coups de pattes. « Si seulement il pouvait me repousser en direction de mon arc », pensa Tshakapesh. Ce que le monstre ne tarda pas à faire. « S'il pouvait donc recommencer », pensa Tshakapesh. Katshituasku reprit aussitôt son manège. Mais comme Tshakapesh avait l'impression qu'on le chatouillait, il avait beaucoup de mal à ne pas éclater de rire. Katshituasku finit par le conduire ainsi jusqu'à son arc. Bondissant alors sur ses pieds, Tshakapesh s'empara de son arc. Il s'en fallut de peu que Katshituasku s'enfuie de surprise, mais il se risqua à demander à Tshakapesh : « Que veux-tu donc ? » Ce dernier répondit : « Je *cherche celui qui a tué mon père et ma mère. C'est lui que je veux rencontrer. — Tu n'arriveras jamais à le tuer, il est beaucoup trop résistant, dit Katshituasku. — À quoi pourrait-on le comparer?, demanda Tshakapesh. — C'est comme si tu voulais t'en prendre à l'épinette rouge que tu vois là-bas. Essaie seulement d'abattre cet arbre et tu comprendras ce que je veux dire. » Tshakapesh mit aussitôt l'arbre en joue et décocha une flèche. Voyant l'épinette rouge voler en éclats, Katshituasku faillit à nouveau s'enfuir. « Aurais-tu un exemple plus convaincant? demanda Tshakapesh. — Oui, oui, tu vois la pointe de la falaise là-bas? Vise-la et tu verras bien », s'empressa de répondre Katshituasku. Tshakapesh mit la falaise en joue et laissa partir une autre flèche. La pointe de la falaise s'écroula. C'en était trop. Katshituasku prit la fuite. Pour sa part, c'est en chantant que Tshakapesh courut récupérer sa flèche au bas de la montagne. On ne sait plus trop ce qu'il chantait. Même mon grand-père l'ignorait. Tshakapesh visa ensuite Katshituasku à la hanche. Ce dernier s'écroula sur un flanc. « J'ai enfin vengé mon père, que Katshituasku avait tué, dit Tshakapesh. — Tue-moi au lieu de me laisser souffrir, implora sa victime. — Comment peux-tu parler ainsi, rétorqua Tshakapesh, toi qui m'as enlevé mon père? C'est ma sœur aînée qui m'a trouvé. De nous deux, c'est plutôt toi le tortionnaire. — Finissons-en tout de suite », implora Katshtuasku. Tshakapesh le tua.*

Puis il se mit en frais de l'éventrer, de le nettoyer et de le dépecer, en espérant découvrir les os de son père et de sa mère. S'il les avait trouvés, il aurait pu faire revivre ses parents. Mais comme il ne trouva que quelques mèches de poils de la fourrure de son père, il les lança dans les arbres en disant : « Qu'ils deviennent des usnées barbues[4]. » Puis il réfléchit à ce qu'il rapporterait de sa prise. « La tête de mon ours, voilà ce que je rapporterai », songea-t-il. Et, pensant soudain à sa sœur, il se dit : « Je lui rapporterai un morceau de viande pris ailleurs. » De retour chez lui, il déclara à sa sœur : « J'ai enfin vengé nos parents. — Tu es donc allé le trouver? — Oui, et va voir ma tête d'ours dehors. Tu la feras rôtir pour moi. Le morceau d'épaule est pour toi. Moi, je retourne chasser l'écureuil. » C'était le seul gibier auquel il s'intéressait. À peine s'était-il éloigné qu'il enten-

dit gémir sa sœur aînée. « Que peut-il bien lui arriver ? se demanda-t-il. Ah ! ce doit être la tête d'ours. » Il lui avait bien précisé qu'elle ne devait pas en manger. Mais la tête d'ours rôtissait de si belle façon ! Elle n'avait pu résister à la tentation d'en détacher un morceau, qu'elle avait porté à sa bouche. C'est alors que ses mâchoires s'étaient soudées. Elle ne pouvait même plus desserrer les lèvres. Tshakapesh revint vers elle et lui demanda ce qui n'allait pas. Mais, comprenant qu'elle ne pouvait pas ouvrir la bouche, il chercha à lui desserrer les mâchoires. Il y parvint grâce à un bâton. Puis il décréta que l'ouverture buccale des humains aurait la dimension de trois doigts. « C'est ainsi qu'ils naîtront quand leur temps sera venu, dit-il. Alors, ne mange plus jamais la tête de l'ours. Mange plutôt de la viande semblable à celle que je t'ai apportée. » Il en profita alors pour manger sa tête d'ours et quitta à nouveau en disant qu'il allait chasser l'écureuil.

2

Quelque temps plus tard, Tshakapesh dit à sa sœur aînée : « J'ai rêvé que tu m'avais perdu. Une de mes flèches était tombée à l'eau. Et comme je tentais de la récupérer, un gros poisson m'avala. » Quelque temps plus tard, Tshakapesh partit avec son arc et ne revint pas. « Son rêve s'est réalisé », pensa sa sœur. Elle partit donc à sa recherche, mais tout ce qu'elle trouva fut son arc. Elle se mit alors à pleurer. Puis, ayant séché ses larmes, elle fabriqua un hameçon et commença à pêcher. Quand l'hameçon fut à l'eau, Tshakapesh s'adressa en ces termes à la truite saumonée dans l'estomac de laquelle il se trouvait : « Va mordre l'hameçon de ma sœur aînée. » Le premier poisson que celle-ci attrapa avait un gros abdomen. Elle en prit ensuite plusieurs autres. Sa pêche terminée, elle se mit en frais de nettoyer ses prises en commençant par la première. À peine lui avait-elle coupé le ventre que Tshakapesh bondit hors de la bête en disant : « Ouf ! ma sœur aînée, tu as bien failli me couper. »

3

Tshakapesh retourna à sa chasse aux écureuils. Il ne s'occupait vraiment d'aucun autre gibier. Un jour, il entendit des gens percer un trou à travers la glace d'un plan d'eau. « Ma sœur aînée doit bien les connaître, se dit-il. Je vais aller lui en parler. » De retour chez lui, il dit : « J'ai entendu des gens percer la glace. — Tiens-toi loin d'eux, lui dit sa sœur. Ils chassent le castor géant. Lorsque quelqu'un leur rend visite, ils lui confient le soin d'extraire le castor de l'eau. Mais leur but est de faire en sorte que ce soit le castor qui l'y entraîne. C'est leur façon de s'amuser à ses dépens. — Pas un mot de plus, ma sœur aînée ! Tu me fais peur. J'irai ailleurs. » Il repartit dans une autre direction. Mais, après avoir marché quelque temps, il se dit : « Je ne crois pas un mot de ce qu'elle raconte. Je vais aller voir ce qu'il en est. » Lorsqu'il se présenta au lac où ces gens chassaient le castor géant, son arc était sous tension. « Voici un visiteur, dirent-ils. Invitons-le à sortir le castor. Ce sera bien amusant de le voir disparaître sous l'eau. » Tout en approchant, Tshakapesh lançait des flèches dont la trajectoire était courbe. Quand il fut plus près d'eux, ils s'aperçurent qu'il était bien jeune. « Viens sortir le castor de l'eau », lui dirent-ils. Ils se promettaient de bien rigoler. « Sortir le castor…, mais je n'ai jamais vu faire ça, dit Tshakapesh. Faites-le d'abord devant moi. Vous en avez l'expérience, pas moi. — Alors, regarde bien ce que nous allons faire, dirent-ils, et tu en feras autant. » Tshakapesh les observa. Ils attrapèrent le castor par le dos et le hissèrent sur la glace. Ils s'étaient mis à deux pour y arriver. « Voilà ce que tu auras à faire, dirent-ils. — Soit, répondit Tshakapesh, mais je ne le ferai qu'une seule fois. » Ils lui préparèrent un endroit pour s'asseoir. Comme il convient de le faire en de telles circonstances, Tshakapesh enleva le surplus de neige qui s'y trouvait avant de s'y installer. « Il n'est pas bête », remarquèrent certains de ses hôtes. Ces préparatifs terminés, Tshakapesh dit : « Très bien, allons-y maintenant. » Les autres frappèrent sur la cabane du castor, qui aussitôt s'engagea dans son tunnel de sortie. Tshakapesh l'attrapa d'une seule main, le hissa hors de l'eau et lui asséna un coup mortel. L'un de ceux qui avaient cru pouvoir se payer la tête de Tshakapesh fit la réflexion suivante : « Il y est quand même arrivé sans difficulté. » Après avoir tué son castor, Tshakapesh fit des préparatifs pour l'emporter chez lui en le traînant sur la neige au bout d'une corde fixée à la tête de l'animal. Quelqu'un tenta de l'en dissuader : « Attends d'avoir reçu ta part avant de partir. Ce castor n'est pas uniquement à toi. — Vous réclamerez ceux que vous aurez attrapés vous-mêmes, leur déclara-t-il. C'est à ceux-là que vous aurez droit[5]. » Il se mit alors à tordre le bras de celui qui cherchait à le retenir. Les autres dirent : « Laissons-le donc faire à sa guise. Il doit s'agir de Tshakapesh, celui qui réussit sans difficulté tout ce qu'il entreprend. » Tshakapesh traîna son castor jusque chez lui. En arrivant, il déclara : « Ma sœur aînée, je rapporte un castor. — Tu y es donc allé ! — Eh oui ! Alors, fais-le-moi cuire pendant que je serai à la chasse. »

4

Un jour que Tshakapesh était encore en train de chasser, il entendit des gens gratter des peaux. Plutôt que d'aller les trouver, il pensa que sa sœur aînée devait bien savoir de qui il s'agissait. « Je vais aller lui en parler », se dit-il. De retour chez lui, il déclara : « Ma sœur aînée, j'ai entendu des gens là-bas. — C'est la géante cannibale, répondit-elle. Elle a deux filles. N'y va pas. Dès qu'elle aperçoit quelqu'un, elle le tue. — N'en dis pas plus, ma sœur aînée, j'ai assez peur comme ça. » Puis, ayant pris à l'insu de sa sœur des plumes d'oiseau des neiges, il partit en lui disant : « Sois tranquille, j'irai ailleurs. » Il prit effectivement une autre direction. Mais dès qu'il fut hors de sa vue, il se dit : « Je vais aller rendre visite à ces filles qui grattent des peaux, car je ne crois pas un mot de ce que ma sœur m'a dit. » Il se dirigea vers l'endroit où il avait entendu le bruit des peaux grattées. Les deux filles étaient justement en train de gratter des peaux à l'extérieur de leur tente. Dès qu'elles l'aperçurent, elles se mirent à rire. C'est que, juste avant d'arriver chez elles, il avait fixé des plumes d'oiseau *des neiges à sa fourrure. De l'intérieur de la tente où elle se trouvait alors, la mère des filles les entendit rire. Jetant un coup d'œil à l'extérieur, elle aperçut son gendre. « Qu'est-ce qui vous amuse tant ? Êtesvous en train de rire de ce jeune homme ? demanda-t-elle à ses filles. — Mais non, c'est le geai qui nous fait rire ainsi, répondirent-elles. Il se sauve avec des poils de caribou se détachant des peaux que nous grattons. — Mais vous n'y êtes pas du tout, leur dit-elle. Il ne s'agit pas d'un geai, mais d'un homme qui a mis des plumes d'oiseau des neiges sur sa fourrure. » Elles s'empressèrent alors de mettre Tshakapesh en garde contre leur mère : « Elle t'offrira de la graisse humaine jaunâtre comme repas. N'accepte surtout pas. Tu pourras manger ce que nous te donnerons. » Puis, elles firent entrer dans la tente le futur gendre de leur mère et le firent asseoir entre elles, face à cette dernière. Elles lui offrirent ensuite à manger. La cannibale coupa un morceau de sa graisse jaunâtre, qu'elle tendit à Tshakapesh en disant : « Voilà pour lui, mes filles, au cas où il aimerait en manger. » Elles répétèrent à Tshakapesh : « C'est de la graisse humaine, n'en mange pas. » De plus, cette graisse était moisie. « Mes filles, dit la femme d'un ton irrité, je suis fatiguée de tenir ainsi cette graisse sans qu'on la prenne. » Mais personne ne fit attention à elle. À la fin, la vieille déclara : « Il y aura donc un combat de lutte. On verra bien de quoi il est capable. — Ne le tue pas, lui dirent ses filles, nous voulons l'épouser. — Pas question de le tuer, dit la cannibale. Je veux simplement me battre avec lui. » Elle revêtit alors son manteau de combat, repoussa ses filles et agrippa Tshakapesh. Les filles s'interposèrent entre leur mère et lui. Tshakapesh leur demanda de se retirer. « Je ne combattrai qu'une fois, dit-il. — Ne le tue pas, répétèrent les filles avec insistance. — Je ne le tuerai pas », rétorqua la cannibale. Au début, elle eut le dessus, parvenant même sans difficulté à le secouer de tous les côtés. « Mes filles, dit-elle, contrairement aux précédents, il ne me paraît pas gras du tout. » Sur le sol, il y avait une pierre recouverte de sable. Elle balaya ce dernier d'un coup de pied, laissant apparaître des taches de sang séché. « Ne le tue pas ! supplièrent les filles. — Je ne le tuerai pas », répéta-t-elle. Elle saisit à nouveau son gendre, mais sans pouvoir cette fois le soulever de terre. « Eh ! Eh ! mes filles, le voilà devenu plus gras*

que ses prédécesseurs ! », dit-elle. *C'est que Tshakapesh s'était intentionnellement rendu très lourd. Elle fit un nouvel essai pour le soulever, ne fût-ce qu'un tout petit peu. « Pour une fois, elle sera vaincue »,
dit Tshakapesh. Puis, s'adressant aux deux filles, il leur demanda :
« Que devrais-je faire d'elle ? Si elle devait vous manquer, je l'épar-
gnerais. Mais si j'ai la certitude que vous ne la regretterez pas, je la
tuerai. — Nous en serions ravies », répondirent-elles avec empresse-
ment, tout en se mettant à lui frapper les jambes à coups de tisonnier.
« Lâche-moi, cria la cannibale à Tshakapesh, elles me font enrager. »
Et les deux filles de supplier Tshakapesh : « Ne la lâche surtout pas, elle
nous tuerait. — Alors, enlevez-vous de là », leur dit Tshakapesh. Il
saisit leur mère, la souleva dans les airs et la tua en la projetant sur sa
pierre en position assise. « Allons maintenant chez moi, dit-il aux
filles. Ma sœur aînée est seule à longueur de journée, vous lui tiendrez
compagnie. » De retour chez lui, il dit à sa sœur : « J'ai ramené des
femmes. Avec de telles compagnes, tu ne t'ennuieras plus jamais.
— Tu as sans doute tué leur mère. — Ce sont elles qui m'ont supplié
de le faire. — Tu n'aurais pas dû. — Elles me l'ont demandé. Et puis,
ça te fera des amies. » Il en épousa une.*

5

*Avant de repartir, il dit aux filles : « Je vais chasser l'écureuil. Res-
tez avec ma sœur aînée. » Chemin faisant, il entendit des gens jouer
à la balle. « Ma sœur aînée doit les connaître, pensa-t-il, je vais aller
lui en parler. » De retour chez lui, il raconta ce qu'il avait entendu.
« Ne t'avise pas d'aller chez eux, dit sa sœur. Leur balle, c'est une tête
d'ours. Ce sont des Mistapeu*[6]. *Quand quelqu'un arrive, ils lui lan-
cent la tête d'ours, qui les mord aussitôt. — Ma sœur aînée, tes
paroles m'effraient. J'irai ailleurs. » Il prit effectivement une autre
direction, mais dès qu'il eut disparu derrière les arbres, il se mit à
douter de ce qu'elle lui avait dit et se dirigea vers ceux qu'il avait
entendus. Ces gens jouaient à la balle dans une magnifique clairière.*

Les ayant observés durant un moment, il fut favorablement impressionné par l'un d'eux. Ses partenaires avaient beau lancer la balle loin de lui, il courait assez vite pour l'attraper et la leur relancer aussitôt. « Il est très habile, pensa Tshakapesh. J'aimerais bien le capturer pour en faire l'époux de ma sœur. Si seulement on pouvait lui lancer la tête vers moi. » Son vœu fut exaucé ; quelqu'un lança la tête dans sa direction. Et le préféré de Tshakapesh courut pour l'attraper. Lorsqu'il passa à sa portée, Tshakapesh l'empoigna en disant : « Allons chez moi. Tu épouseras ma sœur aînée. Elle est toujours seule. » On tenta d'empêcher cet enlèvement en disant à Tshakapesh de lâcher sa prise. « N'êtes-vous pas tous des hommes ? leur dit Tshakapesh. Rien ne vous empêchera de continuer à jouer à la balle. Vous prenez-vous pour des femmes ? » Tshakapesh dut tordre le bras de sa prise, sans quoi il n'aurait jamais pu l'emmener. L'individu se plaignait de douleur. Ses compagnons finirent par se dire : « Il vaudrait mieux ne pas s'attaquer à lui. Ce doit être Tshakapesh. Il réussit sans difficulté tout ce qu'il entreprend. » Tshakapesh s'éloigna avec celui qu'il avait choisi. « Allons chez moi, lui dit-il. Tu épouseras ma sœur aînée. Elle est si seule. » Arrivé chez lui, il dit : « Ma sœur aînée, je t'amène un époux, toi qui t'ennuyais toujours. — Tu es sans doute allé voir ces gens, dit-elle. — Oui, répondit son cadet. Dorénavant, tu seras l'épouse de cet homme. Et moi qui étais toujours seul à chasser, j'aurai de la compagnie », ajouta-t-il. Ils restèrent encore longtemps en ce lieu, se nourrissant uniquement d'écureuil.

6

Un jour que Tshakapesh et son beau-frère étaient à chasser les écureuils, ils entendirent un bruit de balançoire. « Je me demande bien qui sont ces gens, dit Tshakapesh. Mieux vaut ne pas s'en approcher. Allons d'abord en parler à ma sœur aînée ; elle doit sûrement savoir qui sont ces gens. » De retour au campement, il dit : « Ma sœur aînée, nous avons entendu des bruits de balançoire. — Ne va pas là, lui dit-elle, cette balançoire se trouve juste au-dessus d'une chute. En bas, il y a une marmite pleine d'eau. Lorsqu'ils parviennent à convaincre quelqu'un de se balancer, ils coupent la corde de façon à ce que la personne se retrouve dans la marmite. » Tshakapesh déclara : « Ça suffit, ma sœur aînée, tu me fais peur. Cesse de m'assommer avec cette histoire ! Regarde-nous aller. » Ils partirent dans une autre direction. Mais Tshakapesh avait pris soin de cacher sous ses aisselles, pour ne pas éveiller les soupçons de sa sœur, des plumes d'oiseau des neiges ainsi qu'un petit contenant rempli de graisse. « Allons voir ce qu'ils font », dit-il à son partenaire. Ils se dirigèrent donc vers les gens à la balançoire. Juste avant d'arriver, Tshakapesh dit à son compagnon : « Maintenant nous approchons. Quand ils nous inviteront à faire l'essai de leur balançoire, c'est moi qui irai. Ne me quitte pas des yeux. Dès qu'ils auront coupé la corde, je tomberai dans leur marmite. Ensuite, tu surveilleras attentivement l'arrivée de mes plumes d'oiseau des neiges ; sous l'effet de la chaleur, l'eau bouillante les fera remonter à la surface. À ce moment-là, tu les prieras de s'approcher, car la graisse ne tardera pas à flotter elle aussi. C'est alors que j'ouvrirai le contenant de graisse. » Quand Tshakapesh eut terminé ses instructions, ils étaient rendus chez les gens. « Voici des visiteurs, venez donc essayer notre balançoire ! dit l'un d'eux. — Comment accepter votre invitation, dit Tshakapesh, nous n'avons jamais vu quelqu'un se servir d'un tel appareil. » Quelqu'un fit la suggestion suivante : « Regardez bien, nous allons vous faire une démonstration. » L'un d'eux commença alors à se balancer au-dessus des chutes. Placées de chaque côté, deux personnes repoussaient la balançoire, dont les mouvements étaient de plus en plus rapides. « Ça ira ? demanda-t-on aux visiteurs. — Oui, répondit Tshakapesh. Mais je ne le ferai qu'une seule fois. » Puis il s'installa sur la balançoire. Lorsque les mouvements de celle-ci devinrent rapides, quelqu'un coupa la corde et Tshakapesh se retrouva dans la marmite. Les gens accoururent pour voir leur prise, et le beau-frère de Tshakapesh se mit à surveiller la remontée des plumes. Dès qu'il les aperçut, il cria : « Approchez-vous, car la graisse est sur le point de remonter à la surface. Vous n'aurez alors qu'à vous servir. » Tous vinrent s'asseoir autour de la marmite. C'est à ce moment-là que Tshakapesh libéra la graisse, qui ne tarda pas à flotter à la surface. L'instant d'après, Tshakapesh bondissait hors de la marmite en la renversant sur les gens, qui furent alors ébouillantés. Après quoi, Tshakapesh grimpa sur une petite colline des environs, où il commença à se débarrasser de sa fourrure. Il s'épila tout le corps, à l'exception des cheveux, des sourcils et des cils. « Quand les nouveaux humains naîtront, décréta-t-il, ils n'auront que des cheveux. C'est ainsi qu'ils seront. » À l'origine, les hommes devaient être entièrement recouverts de poils. Tshakapesh dit ensuite à son beau-frère : « Rentrons chez nous. » Maintenant qu'il était nu, il avait froid. En arrivant chez lui, il dit : « Ma sœur aînée, nous avons fait de la balançoire, et ils nous ont mis à bouillir dans l'eau. — Mais pourquoi y être allé ? leur reprocha-t-elle. — Pour leur rendre visite. Mais comme ils nous ont offert d'essayer leur balançoire, j'ai accepté. Alors, ils ont coupé la corde, et je me suis retrouvé dans la marmite. » Il était maintenant complètement nu, sauf la tête, le dessus des yeux et la frange des paupières. On lui fabriqua des vêtements. Tshakapesh repartit à la chasse, après avoir demandé à son beau-frère de ne pas l'accompagner. « Cette fois, j'irai seul », lui dit-il.

7

Il partit donc chasser seul. Soudain, voyant un écureuil grimper dans une épinette blanche, il lui décocha une flèche et le rata. De plus, sa flèche resta accrochée à l'arbre. Il grimpa pour la récupérer. Ayant atteint sa flèche, il souffla sur l'arbre. Il entendit aussitôt le sifflement de l'écureuil poursuivant son ascension. Puis, le silence. « Je me demande bien comment c'est là-haut », pensa-t-il. Il continua donc à grimper jusqu'à ce qu'il rejoigne à nouveau l'écureuil. Il souffla encore sur l'arbre et entendit l'écureuil monter encore en sifflant. Puis, à nouveau le silence. Sa curiosité s'aiguisant de plus en plus, il poursuivit sa montée. Ayant atteint l'endroit où l'écureuil s'était arrêté, il souffla *une troisième fois, tant sur l'épinette blanche que sur l'animal. Tendant l'oreille à nouveau, il perçut encore le bruit que faisait l'écureuil en sautant de branche en branche. Puis, ce fut à nouveau le silence. « Je me demande bien comment c'est là-haut », pensait-il. Ainsi parvint-il à une terre qu'il n'avait jamais vue auparavant. Il y fit une tournée d'exploration et découvrit de très nombreuses traces fraîches. Des pistes d'écureuil bien battues allaient dans toutes les directions. En revenant sur ses pas, il constata qu'on venait tout juste de suivre ses traces. Pour savoir de qui il s'agissait, il tendit un collet et s'éloigna de la piste. Soudain, ce fut l'obscurité totale. « Que se passe-t-il ? Ah ! ce doit être mon collet. » Il courut à ce dernier et y trouva le soleil se débattant pour se libérer du piège. Il lança un écureuil chargé de rompre le collet pour permettre à l'astre de reprendre sa course. Mais l'écureuil ne réussit qu'à faire roussir sa fourrure. Il lança alors une souris, et sans doute d'autres petits mammifères, mais sans plus de succès. Il ne restait que la musaraigne masquée. Il la lança ; elle réussit à rompre le collet, libérant ainsi le soleil. « Ouf ! se dit Tshakapesh, j'ai presque tué l'univers. » Il descendit ensuite chez les siens en se disant : « C'est là que nous allons demeurer. Il y a tout plein d'écureuils. » De retour chez lui, il déclara : « Ma sœur aînée, j'ai trouvé là-haut un magnifique territoire. Nous irons y vivre. » Le lendemain, tous se retrouvèrent au pied de l'épinette blanche. Tshakapesh leur dit qu'il y avait là-haut abondance d'écureuils. Le beau-frère grimpa le premier, suivi de l'épouse de Tshakapesh. La sœur de Tshakapesh vint la troisième. Et ce dernier ferma la marche. C'est lui qui avait établi cet ordre, sous prétexte qu'il verrait à les attraper au vol s'ils étaient pris de vertige. Ce qui se produisit effectivement. Rendu là-haut, Tshakapesh s'interrogea un moment sur ce qu'il devait faire de l'épinette blanche que son souffle avait fait croître. « Lorsque les humains de l'avenir passeront près d'un tel arbre, la tentation d'y grimper sera trop forte », se dit-il. Il souffla alors sur l'arbre, qui retrouva aussitôt sa taille initiale. Puis il déclara ce qui suit : « Allez occuper les places qui seront désormais les vôtres. Moi, je resterai sur la lune. » Il décréta également que son beau-frère se tiendrait sur l'étoile du matin. Nous ignorons toujours où se trouvent sa sœur et son épouse.*

COMMENTAIRE DU PREMIER RÉCIT

Cette performance se déroule en sept tableaux. Chacun des six premiers prend la forme du petit scénario que voici : menacé d'être avalé comme ses parents, le héros renverse la situation en transformant ses agresseurs soit en gibier, soit en partenaires au sein d'un mode de production fondé sur la chasse et la pêche. Du même coup, Tshakapesh contribue à réduire la faune cannibale qui a jusque-là fait obstacle à l'émergence de l'espèce humaine dont il est en quelque sorte l'icône, tout en mettant en place les éléments essentiels du mode de vie des Innus à l'époque classique de leur histoire :

épisode 1   chasse à l'ours et cuisson des aliments (division sexuelle du travail)

épisode 2   pêche (activité féminine)

épisode 3   chasse au castor sous la glace (activité masculine)

épisode 4   acquisition d'une conjointe

épisode 5   acquisition d'un conjoint

épisode 6   technique de fabrication des vêtements

Or ce même scénario s'inverse au septième et dernier épisode. Revenant vers l'épinette blanche pour descendre chercher les siens, Tshakapesh aperçoit les traces toutes fraîches d'un être dont il ignore tout et qu'il soupçonne de vouloir s'en prendre à lui. Qui pourrait l'en blâmer ? Notons toutefois que, pour la première fois, l'idée de consulter sa sœur ne semble même pas l'effleuré. Il n'en reste pas moins que, en tentant de piéger cet inconnu, il s'en prend à un être n'ayant aucune mauvaise intention envers lui. Pour une dernière aventure, disons qu'elle a tout d'une première. Plongé subitement dans l'obscurité, il saisit alors l'ampleur de sa méprise et s'empresse de libérer l'astre lumineux avant qu'il ne soit trop tard. « J'ai presque tué l'univers ! » dira-t-il. Depuis, il habite cet astre. On peut même le voir durant les nuits de pleine lune. Le scénario de cet épisode final se présente donc comme une inversion radicale de celui des six précédents. Tout ce passe comme si le héros était devenu l'inverse de lui-même. Nous reviendrons plus loin sur cette ultime pirouette sémantique.

Développement et limites d'un mode de vie

J'ai déjà signalé, dans un ouvrage antérieur (Savard, 1985), que plusieurs variantes de ce récit étaient explicites quant au motif ayant conduit les parents à s'éloigner de leur campement : ils allaient chercher soit de l'écorce de bouleau, soit du bois. Le conteur de la seconde variante avait insisté sur ce point, ajoutant que l'écorce était jadis utilisée pour la fabrication de divers types de panier servant à garder différentes espèces de petits fruits[7] (voir annexe 2). Aucune des variantes ne fait état d'une partie de chasse. Non pas que celle-ci ait été inexistante : divers représentants d'une faune monstrueuse et anthropophage s'y adonnaient sans entrave, empêchant ainsi l'émergence de l'espèce humaine, dont la famille du héros représente ici une forme virtuelle. Si Tshakapesh est un héros, ce n'est donc pas pour avoir imaginé un nouveau mode de production : c'est plutôt pour avoir fait main basse sur celui dans lequel les siens avaient tenu jusque-là le rôle de chassés. Véritable gibier couvert de fourrure, la famille Tshakapesh se présente d'abord sous la forme hybride d'animaux-humains.

Comme la plupart des conteurs à l'origine des autres versions connues, François Bellefleur n'a pas senti le besoin d'expliquer pourquoi Katshituasku n'avait pas daigné manger aussi l'utérus gravide de la mère de Tshakapesh. Seul le conteur de la troisième variante avait pressenti ce genre de question. Son explication fut la suivante : « Il mangea l'homme d'abord. Tshakapesh n'était pas encore né, il mangea la femme et vit à l'intérieur d'elle, et il pensa que la femme était infirme. Il ne mangea pas l'utérus ; l'ayant extrait, il ne mangea pas Tshakapesh. Il le lança plus loin, dans le banc de neige. Il pensait que la femme était infirme et ne savait pas qu'il s'agissait d'un bébé » (Lefebvre, 1971, p. 33). Si Katshituasku considérait cet utérus gravide comme une anomalie, au point de refuser d'y toucher, c'est que le phénomène de la gestation est une première. Si la sœur aînée n'avait pas ramené ce fœtus dans un morceau d'écorce de bouleau, pour ensuite le déposer dans un contenant de bois fermé d'un couvercle d'écorce, l'espèce humaine n'aurait peut-être jamais existé. On notera que ce fœtus, vraisemblablement non viable, retrouvait ainsi un utérus conforme aux orientations végétariennes de ses parents. Selon le conteur de la seconde variante, la fin de cette gestation fut rapide, si bien que la sœur dut à quelques reprises remplacer le contenant par un plus grand (Savard, 1985, p. 219-220).

Dès sa naissance, Tshakapesh pouvait se tenir sur ses jambes. Déjà, il réclamait un petit arc et des flèches, comme les garçons le font vers l'âge de trois ou quatre ans. En visant les oiseaux vire-voltant autour du campement familial en quête de résidus ali-mentaires, les garçons acquéraient les premiers rudiments de leur métier de chasseur. Dans le cas présent, la croissance fut à ce point rapide que l'arc de Tshakapesh était toujours trop petit, même si sa sœur ne cessait de le remplacer par un plus gros. Le dernier qu'elle lui fabriquera aura la taille d'un arbre entier. Pour l'instant, Tshakapesh s'en prend déjà à une proie un peu plus difficile que les petits oiseaux. Mais il s'agit tout de même d'une *petite chasse*. C'est sans doute que Tshakapesh doit tout apprendre lui-même du mode de vie qu'il est sur le point d'instaurer pour les futurs humains, celui de la chasse et de la pêche. Lorsque je discutais de cette question avec le conteur, il me faisait remarquer que cc héros n'avait plus de père pour lui enseigner son futur métier d'adulte. Notons que, eût-il été encore vivant, Tshakapesh père aurait été tout à fait incapable de transmettre un savoir qu'il n'avait jamais possédé. On aura en effet noté que le héros porte le même nom que son père (Tshakapesh). Normalement, me faisait remarquer le traducteur innu, il aurait dû se nommer Tshakapeshis, soit « Tshakapesh fils ». Mais un tel diminutif, même affectueux, ne pouvait convenir à ce personnage responsable du formidable bond en avant ayant fait passer l'espèce humaine de la position de chassé à celle de chasseur.

Ayant appris de sa sœur aînée les circonstances de sa naissance, Tshakapesh conçut le projet de venger ses parents, et peut-être même de les ramener à la vie. C'est que la mort n'avait pas alors le caractère définitif qu'on lui connaît aujourd'hui. C'était sa toute première sortie. On a vu comment, par la ruse autant que la force, il vint facilement à bout du plus redoutable de quatre ursidés. Après l'avoir tué et éventré, il y chercha les ossements de ses parents, grâce auxquels il espérait les ramener à la vie. Mais n'ayant trouvé que quelques mèches de la fourrure de son père, il s'en débarrassa en les lançant sur les branches d'un conifère[8] de base. Les mèches de poils ainsi lancées dans un arbre donnèrent naissance à l'espèce végétale « usnée ». Quant aux testicules du père, mentionnés par le conteur de la sixième variante, ils devinrent des boules de résine durcie qu'on trouve sur le tronc d'épinettes blanches ou noires, que ce conteur nommait *uahteketshu*[9]. En identifiant ainsi les parents du héros à certaines variétés de conifère, le récit met un terme à la démonstration du caractère végétal de sa naissance, amorcée plus tôt par l'utérus végétal dans lequel il avait dû terminer sa gestation.

Terminons ce commentaire sur le premier épisode en signalant que, après cette brève cérémonie, Tshakapesh ramena au campement un peu de chair du gigantesque ursidé qu'il venait d'abattre et confia à sa sœur aînée le soin de la cuire pendant qu'il poursuivrait ses activités de chasse. Cette représentation du tout premier acte de prédation humain est l'occasion de promulguer une prescription alimentaire relative à la viande d'ours : la femme ne devra pas manger la tête de ce gibier. Le conteur à qui je demandais si les femmes innues d'aujourd'hui le pourraient me fit la réponse suivante : « Évidemment, mais elles ne le font généralement pas. »

Le deuxième épisode débute lorsque le héros raconte à sa sœur un de ses rêves : il s'était fait avaler par un poisson en tentant de récupérer une flèche tombée à l'eau. Il partit ensuite chasser et son rêve se réalisa. De tout le récit, cet épisode est le seul au cours duquel le héros se fait littéralement dévorer par son adversaire, d'où il finira par sortir pour manger l'animal en compagnie de sa sœur aînée. De l'intérieur du poisson, il avait inspiré à sa sœur l'idée d'aller pêcher. La première pêche venait d'avoir lieu. Et pendant qu'elle éventrait sa prise, Tshakapesh en sortit comme un personnage de boîte à surprise, un peu comme il l'avait fait à l'épisode précédent, quand le contenant de bois dans lequel il se trouvait était devenu trop petit. On est bien en présence d'une seconde naissance. Le voilà maintenant éjecté d'un ventre animal, et au surplus dans le cadre d'une activité de production à caractère féminin (la pêche). Plusieurs variantes font état de la crainte du héros de se faire couper par le couteau de sa sœur lorsqu'elle entreprend d'ouvrir le ventre du poisson pour le vider. La septième variante précise même que « Tchikabish s'enfon[çait] le plus possible dans l'estomac du poisson et se fai[sai]t tout petit comme un fœtus » (Pachano, 1987, p. 17). À Sheshatshit, selon José Mailhot et Andrée Michaud, « la pêche simple à l'hameçon […] était pratiquée par l'homme, la femme et les enfants selon les circonstances […], mais il semble qu'au total, la pêche a été davantage une activité féminine […] » (Mailhot et Michaud, 1965, p. 43, citées par Lefebvre, 1971, p. 131).

Le troisième épisode se situe dans le cadre d'une activité masculine de production alimentaire. La technique de chasse au castor présentée ici exige la participation de plusieurs individus, ainsi que beaucoup d'adresse et de force physique. Le risque de morsure grave est bien réel. Dans ce récit, le défi est en quelque sorte décuplé puisqu'il s'agit de castors géants. Pour les extraire de l'eau, ces gens devaient se mettre à deux. En demandant au héros d'accomplir seul ce travail, il est clair qu'ils ne cherchaient rien d'autre que sa perte. Selon la quatrième variante, ils attendaient que le visiteur se soit noyé pour le retirer de l'eau et le manger (Lefebvre, 1971, p. 43-58). Mais Tshakapesh tourna encore une fois à son avantage la stratégie de ses agresseurs, tout en maîtrisant une autre technique d'acquisition de nourriture dont les humains de l'avenir sauront tirer profit. Il existe ici un certain parallélisme entre cette technique de production plutôt masculine et la pêche, à laquelle on associe les femmes ; dans les deux cas, il s'agit d'extraire de l'eau un gibier. Si les trois premiers épisodes ont établi le principe de la division sexuelle du travail au sein de l'unité de production domestique, il manquait encore une pièce essentielle à cette institution pour que les deux spécialités s'y trouvent réunies, soit un régime matrimonial. Nous avons signalé en introduction que celui des Innus, dont ce récit évoque, entre autres choses, l'origine, exigeait l'existence d'au moins deux groupes distincts : celui dans lequel on naît et celui dans lequel on se marie. On comprendra qu'un récit prétendant relater l'origine d'un tel système se trouve dans une impasse de taille, car il lui faudrait disposer d'au moins deux unités pour qu'on puisse concevoir l'idée même d'échange. Or, on l'a vu, *Tshakapesh* et sa sœur aînée étaient seuls face à une gigantesque faune anthropophage devant être éliminée pour que l'espèce humaine puisse prendre son envol. La suite du récit nous indiquera la façon dont l'imaginaire algonquien s'est tiré de cette impasse.

Au quatrième épisode, l'arrivée de Tshakapesh déguisé en oiseau des neiges met les filles dans un état de batifolage et d'hilarité particulier. Leur compétence en matière de travail féminin indique qu'elles sont prêtes au mariage : elles étaient justement en train de gratter les peaux. Plus tard, dans de telles circonstances, l'arrivée d'un jeune célibataire provenant d'une autre communauté donnera souvent lieu à ce genre de scène. Le conteur n'hésite pas, dans cet épisode, à qualifier Tshakapesh de futur « gendre » de la cannibale. La neuvième variante, recueillie en 1882 chez les Cris de York Factory, donnait à cette première rencontre entre le héros et les deux filles une connotation sexuelle plus explicite ; le visiteur les agaçait en fourrant ses doigts dans les trous des peaux qu'elles grattaient, « les retirant juste avant que les jolies manieuses de grattoir n'abaissent celui-ci sur les doigts » (Mowat, 1892[10]). La dixième variante, enregistrée chez les Cris de Waswanipi, nous apprend que les filles riaient de « mots impropres à être répétés ici » sortant de la bouche du héros ; en réponse à leur mère, restée dans la tente et qui s'informait des causes de tant d'hilarité, elles l'attribuèrent au comportement bizarre d'un geai du Canada (Baxter, 1896). Or on se souvient que Tshakapesh s'était plus ou moins déguisé en « oiseau des neiges » avant de se présenter aux filles. On a vu aussi que l'arrivée du héros eut également pour effet de mettre en appétit, au sens strict du terme, cette fois, la « belle-mère » cannibale. Se conformant au souhait des deux filles, Tshakapesh tua la mère et ramena celles-ci chez lui. Le conteur semble éprouver quelques difficultés avec le nombre d'épouses du héros. Si, plus tôt, il avait fait dire aux deux filles : « Nous voulons l'épouser », il prétend maintenant que Tshakapesh n'en épousa qu'une seule. Et, à la fin de son récit, quand il précisera l'ordre dans lequel tous les personnages grimperont vers le ciel, il ne sera aussi question que d'une seule épouse. Or la sixième variante nous informait que le héros avait un faible pour la cadette, laquelle aurait été noyée par l'aînée (Mailhot et Michaud, 1965, p. 65-70). La septième variante raconte que, après en avoir choisi une pour épouse, Tshakapesh aurait lui-même noyé l'autre avant de revenir chez lui (Ishpatao, Bellefleur et Mestakosho, 1979). Quant à la seconde variante, le narrateur s'en tira en disant que le héros dormait avec une des filles et que la sœur aînée de celui-ci en faisait autant avec l'autre (Savard, 1985,

p. 225). Par contre, la quatrième variante, enregistrée à l'été 1967 à Sheshatshit, laissait entendre que les deux sœurs étaient devenues les épouses de Tshakapesh (Lefebvre, 1971, p. 58-65). Il n'est pas impossible que certains des narrateurs précédents se soient souciés d'épargner la sensibilité de collectionneurs étrangers, issus d'un groupe où la polygamie ne leur semblait pas avoir très bonne presse.

Au cinquième épisode, c'est à la fois un mari pour sa sœur aînée et un partenaire de chasse pour lui que Tshakapesh ramena d'une de ses courses en forêt. Il le vola littéralement à un groupe de chasseurs d'ours, dont un des passe-temps favoris consistait à jouer à la balle avec la tête encore vivante d'un ours. Qui n'arrivait pas à l'attraper était mordu par elle. Quand un étranger se présentait chez eux, on la lui lançait. Incapables de l'attraper, les visiteurs devenaient les proies de la tête d'ours. Tshakapesh ne s'y essaya même pas, lui qui avait pourtant déjà démontré sa force exceptionnelle en venant à bout de l'énorme ours Katshituasku. L'important pour lui était plutôt de s'assurer de celle de son futur beau-frère et partenaire de chasse. On retiendra que ce groupe était composé de mâles uniquement. À cet égard, il était sexuellement homogène, tout comme le groupe de femmes où Tshakapesh avait trouvé sa conjointe. On retrouve ici un autre cliché de la cosmogonie algonquienne, selon laquelle les communautés « préhominiennes » étaient ainsi constituées soit uniquement de femelles, soit uniquement de mâles (Savard, 1971, p. 24-33). Souvenons-nous aussi que, selon le premier épisode, les femmes devaient se tenir loin des têtes d'ours. Le présent épisode revient sur cette prescription. En effet, quand les gens veulent l'empêcher de partir avec son futur beau-frère, Tshakapesh leur fait remarquer que cela ne les empêchera pas de continuer à s'adonner à leur sport favori (jeu de balle). « N'êtes-vous pas tous des hommes ? », leur dit-il. Par ailleurs, le démarrage du mode de production domestique, auquel s'emploie Tshakapesh, exige la présence des deux sexes au sein des mêmes communautés. D'autant plus que cette nouvelle donne, comme on le verra mieux sous peu, devra composer avec l'apparition d'un phénomène inédit : la mort, qui exigera la reproduction. Mais on n'en est pas encore là, puisque l'arrivée des filles de la cannibale et du vigoureux joueur de balle relève du rapt plutôt que d'une stratégie d'échange matrimonial entre groupes. Comment pourrait-il en être autrement, lorsqu'on situe dans une seule unité le point de départ d'une opération qui en exige au moins deux ?

Au sixième épisode, le héros fait un séjour périlleux dans la marmite d'un autre groupe d'anthropophages. Il en sortira indemne, tout en ébouillantant ceux qui avaient prévu en faire leur repas. Le récit de François Bellefleur ne précise pas s'ils en sont morts. La variante de Natashquan est plus explicite : « il tue en les ébouillantant tous ceux qui l'avaient fait se balancer » (Ishpatao, Bellefleur et Mestakosho, 1979). La sixième variante, dans laquelle ces gens étaient des filles, précise qu'aucune d'elles ne survécut (Mailhot et Michaud, 1965). Cet épisode se termine donc sur une image classique. Du fond de la marmite pleine d'eau, soumise à l'action du feu, le héros émerge en ébouillantant ceux et celles qui s'apprêtaient à le déguster, conférant du même coup à l'espèce humaine la nudité qui la distinguera des autres mammifères terrestres. Certaines variantes situent cette perte de toison au terme de l'incident du poisson avaleur, plus précisément au moment où le héros sort du ventre du poisson ; comme il est tout visqueux et sent mauvais, sa sœur le lave et il perd sa fourrure. Cette apparition de la nudité se retrouve dans d'autres cosmogonies. À la veille de quitter le paradis terrestre, le premier homme et la première femme de l'Ancien Testament avaient eu tendance à dissimuler leur nudité devant le regard de leur créateur :

La femme voit que l'arbre est appétissant
un régal pour les yeux
qu'on désire l'arbre pour devenir connaisseur

Elle prend un fruit et le mange
elle en donne aussi à son homme avec elle
il mange

Leurs yeux s'ouvrent à tous les deux
ils découvrent qu'ils sont nus
cousent des feuilles de figuier
pour se couvrir les reins
(*La Bible*, 2001, Gn 3, 6-7)

Les anciennes versions mésopotamiennes de la Genèse sont encore plus près du présent récit. En effet, Enkidu, comme Tshakapesh, devra se départir de sa fourrure et revêtir un vêtement, devenant du même coup le prototype de l'être humain, soit un être sans pelage et mortel :

Il frotta […] son corps velu ;
Il s'enduisit d'huile,
Et il devint comme un être humain,
Il enfila des vêtements.
[Et maintenant] il est comme un homme.
(Heidel, 1963, p. 29[11])

Telle que je l'ai indiqué, la finale du récit offre une situation inédite et inattendue par rapport aux six premiers épisodes. Disons que ce dernier tableau se présente comme une inversion radicale du paradigme auquel le récit nous avait habitués. Si le héros avait toujours vaincu ceux et celles qui l'avaient attaqué sans qu'il y ait eu la moindre provocation de sa part, le voilà maintenant en train de préparer la mort d'un être qui ne lui a jamais cherché querelle. Comprenant sa méprise, il fera le nécessaire pour assurer la libération de l'astre. Avant cette mésaventure, on présume que ce dernier avait brillé en permanence avec une intensité égale à celle qu'on lui connaît aujourd'hui en plein jour. Cet événement l'a vraisemblablement diminué et il doit désormais se mettre en mode « repos » à intervalles réguliers. D'où l'alternance du jour et de la nuit. Contraint de faire marche arrière, Tshakapesh paraît à première vue avoir perdu cette partie. D'autant plus que cette proie, à laquelle le héros renonce sans hésiter dès qu'il en apprend la nature, a un peu des airs de prédateur à son endroit ; puisque Tshakapesh a élu domicile sur cet astre, ce dernier l'a en quelque sorte capturé. Mais, à y regarder de près, aucune confrontation n'a eu lieu ; s'apercevant qu'il avait outrepassé les limites du champ d'application de la prédation, Tshakapesh prit l'initiative de s'identifier pour toujours à l'astre de lumière qui, comme nous le verrons au chapitre traitant des rituels funéraires, préside à la réincarnation des chasseurs et du gibier. En ce sens, on peut dire qu'il est devenu, au terme de cette aventure, l'inverse de ce qu'il avait été jusque-là. De héros fondateur d'un mode de production reposant essentiellement sur la prédation, c'est-à-dire sur le fait de donner la mort, il s'identifie désormais à la source de lumière et de chaleur essentielle à la réincarnation des gibiers morts et même des Innus défunts, comme on le verra plus loin. On reconnaîtra ici quelque chose de la figure imposée par ce genre d'art oral, dont Claude Lévi-Strauss avait eu l'intuition dès 1955. Mais il subsiste une certaine confusion quant à la nature du luminaire céleste présent dans ces événements : soleil qui se prit dans le collet du héros ou lune dans laquelle ce dernier décida de se réfugier ? En langue innue, le mot *pishim* signifie, selon le contexte, « lune », « mois », « soleil » ou « astre » (Drapeau, 1991). Or, lorsque l'astre se prend dans le collet, notre traducteur innu rendait *pishim* par « soleil », tandis qu'il le traduisait par « lune » lorsqu'il était question de l'astre sur lequel se trouve maintenant le héros. Commentant la narration qu'il venait de nous faire, François Bellefleur nous disait : « Lorsqu'on regarde la lune [*pishim*], il est possible d'apercevoir près de Tshakapesh le pot dans lequel il faillit bouillir. » Les variantes 3 et 4 sont très claires à ce sujet. Le conteur de la troisième dira : « Elle [la musaraigne] ne fit que toucher la ligne et la coupa, libérant ainsi le *soleil* qui se mit à avancer en titubant. Alors *Tshakapesh* demanda au *soleil* : "Pouvons-nous rester avec toi ?" Mais le *soleil* répondit : "Je vais vous brûler. — Non, tu ne peux pas nous brûler, dit Tshaka-pesh. "D'accord, dit le *soleil,* vous pouvez rester avec moi". […] Quand nous voyons l'homme dans la *lune,* nous disons : "Voilà Tshakapesh !" » (Lefebvre, 1971, p. 43, je souligne). Ces propos rejoignent ceux de la quatrième variante :

> Elle [la musaraigne] ne fit que toucher le collet de Tshakapesh et coupa le fil et le *soleil* recommença à marcher, il commença à avancer mais il n'allait pas droit, il titubait sur son parcours. Puis il reprit son cours normal. Ayant libéré le *soleil,* Tshakapesh dit à sa sœur : « Sœur, j'ai presque tué le *soleil.* Sœur, allons sur le *soleil* et imprimons-nous-y. Quand de nouvelles gens naîtront sur la terre, ils nous verront de chez eux et par un clair ciel bleu au-dessus, ils nous verront. Je vais tenir la marmite et vous vous tiendrez de chaque côté de moi. » Et sa sœur dit : « D'accord. » Quand le *soleil* fut proche, il alla le voir et ils s'amenèrent sur le *soleil* et Tshakapesh dit : « Ils vont nous voir de toutes les parties de la terre. Quand de nouvelles gens naîtront sur terre, ils nous verront sur la *lune* » (*ibid.,* p. 58 ; je souligne).

Plutôt que de considérer le soleil et la lune comme deux enti-tés différentes, la cosmologie algonquienne semble donc avoir choisi d'y voir deux états du même corps céleste.

S'il est évident que Tshakapesh devient la lumière du monde, que dire des destins célestes de la sœur aînée, des épouses et du beau-frère du héros, dans la version de François Bellefleur ? On y apprend que le beau-frère se retrouva sur Vénus, mais le conteur reste vague au sujet des femmes du groupe. « Quant à sa sœur aînée et à sa femme, nous ne savons pas où elles sont », disait-il. Ce silence pourrait bien être dû au problème déjà rencontré à propos de la polygamie. À cet égard, un passage du récit de François Bel-lefleur laisse penser qu'il aurait pu juger nécessaire de censurer son récit. Il s'agit de l'ordre dans lequel Tshakapesh avait choisi de faire grimper dans l'épinette blanche les membres de son groupe (voir le schéma qui suit). La troisième et la quatrième variantes sont explicites : en montant derrière sa sœur, selon les deux conteurs, le héros regarda sous sa jupe et vit sa toison pubique (Lefebvre, 1971, p. 42 et 57). De plus, selon le conteur de la troisième, quand vint le temps de fabriquer un collet, il lui demanda un de ses poils et le fit glisser entre ses lèvres pour le rendre plus résistant (*ibid.*, p. 42). Ce dernier détail se retrouve dans une variante crie de Fort George (Bauer, 1966, p. 53), ce qui confère à cette méprise, en matière de prédation animale, un air de promiscuité entre frère et sœur. Peut-on parler ici de transgression ?

Non pas, puisque, pour l'immortel que Tshakapesh était alors en train de devenir, la règle de l'échange inhérente au régime matrimonial des mortels n'a pas plus de pertinence que la chasse. Privé des contraintes de la reproduction, le sexe n'est plus qu'occasion de jouissance sensuelle libre de toute entrave.

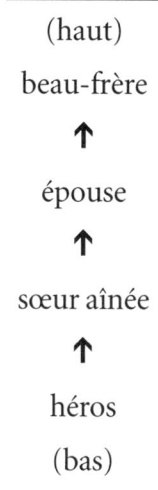

(haut)

beau-frère

↑

épouse

↑

sœur aînée

↑

héros

(bas)

Par ailleurs, la chasse comme mode de subsistance ne lui étant d'aucune utilité, on ne s'étonnera pas de le voir libérer ce qu'il avait d'abord pris pour une proie. On remarquera au passage que l'épisode final prend globalement la forme d'un retour du héros au monde végétal ayant présidé à sa naissance. Comme on le verra bientôt, ce retour du héros vers les arbres, au terme de son périple sur terre, évoque le destin de son père et de sa mère, qu'il avait transformés en lichen arboricole. Issus de vieilles souches, les mortels devront retourner aux arbres au soir de leur vie. Nous verrons sous peu que ces images pourraient bien évoquer d'anciennes façons de disposer des défunts en usage chez les Innus. Mais, pour l'instant, attardons-nous aux nouvelles relations entre frère et sœur de ces personnages en passe de devenir des immortels.

Disons d'abord que les Algonquiens n'ont pas le monopole du héros légendaire lunaire aux tendances incestueuses. Selon la cosmogonie classique des Inuits de l'Alaska, de l'Arctique central et du Groenland, la lune et le soleil avaient jadis été respectivement frère et sœur. Celle-ci avait régulièrement des rapports sexuels avec un inconnu. Comme tout se passait toujours dans l'obscurité, elle ignorait l'identité de son partenaire. Un jour, pour savoir qui était cet homme, elle se noircit les mains de suie et lui marqua le dos pendant qu'ils s'enlaçaient, ce qui lui permit d'apprendre qu'il s'agissait de son propre frère. Furieuse, elle se coupa les seins et alla les lui lancer au visage en criant : « Si mon corps te plaît autant, mange donc ça aussi ! » Puis, s'emparant d'une torche, elle sortit rapidement de l'iglou. Faisant de même, le jeune homme s'élança à sa poursuite. Les deux couraient depuis un moment l'un derrière l'autre autour de l'iglou, quand soudain le frère trébucha à cause des trous laissés dans la neige lors de la taille des blocs formant l'iglou. Il se releva et poursuivit sa course, mais sa torche éclairait maintenant beaucoup moins que celle de sa sœur. Comme ils continuaient à courir en cercle, ils finirent par s'élever dans les airs. Elle devint le soleil, et lui la lune (Savard, 1966, p. 108 et suivantes).

Pour leur part, les Cashinahuas, vivant présentement de part et d'autre de la frontière séparant le Pérou du Brésil, racontent que Yobwë Nawa Boshka « [t]outes les nuits [...] se glissait dans le hamac de sa cousine parallèle[12] — autant dire sa sœur —, et il lui faisait l'amour. Bon. Cette intrusion ne vexait pas particulièrement la jeune fille. Au contraire, même. Cependant, elle se rongeait de curiosité, ignorant qui venait ainsi lui rendre hommage et ne sachant comment faire, sans troubler le silence complice de la nuit dans la grande maison, pour s'informer de l'identité de son galant visiteur » (D'Ans, 1991, p. 133). Comme la jeune sœur de l'Homme-Lune, elle décida de le marquer pour en avoir le cœur net. Après avoir fait provision d'une sorte de sève agissant comme de l'encre invisible (génipa), qui vire au bleu en séchant, elle en humecta le visage de son amant. Le lendemain matin, aucun jeune homme du village ne portait de marque bleue sur son visage. Mais, constatant l'absence de son frère, elle comprit par déduction que celui qui lui avait fait l'amour était son propre frère. « Elle en resta prostrée » (*ibid.,* p. 134). Quelques jours plus tard, dans des circonstances qu'il serait trop long de rapporter ici, il se transforma en « quelque chose qui n'existait pas encore » à l'époque, soit en lune. Or, selon ce récit cashinahua, les menstruations et la mort résultent de l'apparition de la lune dans le monde. Le récit se termine par la phrase suivante : « À propos, savez-vous ce que sont ces taches bleuâtres que l'on voit sur la face de la lune ? Eh bien, c'est la trace de la génipa que la sœur de Yobwë Nawa Boshka avait appliquée sur le visage de son frère ! » (*ibid.,* p. 142).

Il semble bien que nous soyons ici en présence d'un trait de cosmogonie continentale. Comme partout ailleurs dans le monde, les genèses précolombiennes font coïncider l'origine du caractère cyclique du cosmos (alternance du jour et de la nuit) et celle de notre espèce (alternance de la vie et de la mort). Quant aux personnages légendaires associés à ces phénomènes d'émergence, ils échappent par définition à leurs œuvres, tout comme aux règles auxquelles les mortels doivent se soumettre pour s'assurer d'une certaine qualité de vie.

Ancien rituel funéraire

Ce récit s'ouvre sur deux décès, soit ceux des parents du héros. Le phénomène de la mort semble avoir cependant quelque chose d'inédit. En effet, selon certains autres conteurs, si ce fils avait trouvé les os de ses parents dans l'estomac de Katshituasku, il n'aurait eu qu'à souffler sur eux pour ranimer son père et sa mère. N'ayant trouvé que des mèches de leur fourrure, il les transforma en usnées barbues, des lichens poussant aux branches des conifères, qu'on nomme « toison de Tshakapesh » chez les Innus.

Pour quiconque connaît la littérature consacrée aux Algonquiens en général et aux Innus en particulier, ces images évoquent un rituel de chasse bien documenté : après que le gibier a été consommé, on doit veiller à ce que ses restes non comestibles (ossements, griffes, etc.) ne jonchent jamais le sol, de peur de contribuer à la disparition des espèces concernées. Il est donc recommandé de suspendre respectueusement ces restes aux branches des arbres, ou encore de les placer sur des échafauds de bois *(figure 4)*. Dans le cas d'un animal associé au milieu aquatique (poisson, castor, rat musqué, etc.), c'est à l'eau qu'on doit confier ses restes, comme Pierre Uapistan, de Nutashkuan, le fit remarquer à l'anthropologue Richard (Dominique, 1989, p. 158). Ce rituel met en marche le processus de réincarnation garantissant le succès des chasses futures (Speck, 1935, p. 73). Le chasseur William Mathieu Mark, d'Unaman-shipit disait :

> Pendant l'hiver, quand le caribou est bien engraissé, les os ont une saveur très agréable. Ils sont spécialement bien gardés. C'est la façon d'honorer le caribou. Les os sont précieusement rassemblés et on dresse même une plate-forme pour les y déposer. À l'endroit où la plate-forme a été construite, le nombre de nos prises reste toujours stable. En été, le caribou y est toujours présent, comme si la vie se dégageait de la plate-forme où sont remisés les os. Nous avons donc de multiples marques de déférence pour le caribou. La vie de l'Innu est liée à celle du caribou, sa survie en dépend (Jauvin, 1993, p. 101).

Au cours des années 1970, tant à Unaman-shipit qu'à Pakua-shipit, il m'a souvent été donné de voir des os de porc-épic, de perdrix ou de caribou ainsi suspendus aux branches des arbres. Lors d'une balade sur la rivière Saint-Augustin, en compagnie de Pierre Lalo, du village de Pakua-shipit, nous nous étions arrêtés quelques instants à un site de campement alors inoccupé. Pierre attira mon attention sur des crânes de porc-épic ainsi suspendus aux branches d'un arbre, tout en louant la sagesse de celui qui en avait disposé de cette façon. On se donnait ainsi une emprise sur la mort du gibier, en la rendant en quelque sorte aussi éphémère que la vie. Dans une publication datée de 1975, le conteur insistait sur le traitement réservé aux os des divers gibiers. Il étendait même ce traitement à tout ce qu'on n'utilise pas des animaux, soit la viande avariée, et, à plus forte raison, aux parties comestibles devant être consommées plus tard. Ce qui venait de l'eau devait y retourner et, de la même façon, ce qui venait du sec devait être élevé pour sécher à l'air libre. Agir autrement, écrivait-il, entraînerait la disparition de l'espèce (Bellefleur, 1975, p. 58-59). Cette pratique innue avait été signalée dès 1634 par le jésuite Le Jeune (Le Jeune, 1972a). On peut donc penser que, en posant les restes de ses parents défunts sur les branches des arbres, le héros concoctait un rituel funéraire permettant d'atténuer le caractère définitif de la mort dont devait hériter le genre humain.

Ce premier récit pourrait donc projeter un éclairage inédit sur un sujet à propos duquel la littérature consacrée aux Innus est restée à peu près silencieuse : leurs anciennes pratiques funéraires. Dans une importante monographie publiée vers la fin du siècle dernier, un auteur américain avait proposé sept types de coutumes funéraires chez les peuples précolombiens d'Amérique du Nord. Selon lui, le type le plus fréquent, en cette fin du XIXe siècle, était ce qu'il a appelé la « sépulture aérienne ». Celle-ci consistait à installer le défunt dans un arbre ou, en l'absence d'arbre, sur un tréteau de bois. Dans le cas d'un enfant, on le déposait parfois dans un panier qu'on suspendait aux branches d'un arbre. Les autres formes de sépulture aérienne consistaient à mettre les dépouilles en position élevée à l'intérieur de tentes ou de constructions en bois, ou encore à les placer dans une boîte ou un canot, qu'on hissait ensuite à l'extérieur sur des tréteaux ou des

Figure 4. Restes de gibiers déposés dans les arbres à Pakua-shipit (photo : Rémi Savard, 1970).

Figure 5. Sépulture aérienne orontchonne (toungouze) (Qiu, 1984, p. 125).

poteaux, ou qu'on laissait tout simplement sur le sol dans leurs contenants de bois et d'écorce (Yarrow, 1881, p. 92-93 et 158). Depuis ce travail de Yarrow, des sépultures aériennes furent signalées chez plusieurs peuples du Caucase, de Sibérie et d'Asie centrale : Beltirs, Tatars, Toungouzes, Oltches, Kouznetsk, Kalars, Orotches, Iakoutes, Abkhazes, etc. (Harva, 1959, p. 214-221[13]). Dans un ouvrage de l'ethnologue chinois Qiu Pu, on trouve des photos montrant la façon dont les Orotches (ou Orontchons) installaient ces sépultures arboricoles en hiver et en été[14] (Qiu Pu, 1984, p. 124-125). Ce genre de sépulture aurait été également observé en Australie (Chernetsov, 1963, p. 40).

Les Innus ne sont cependant jamais mentionnés dans ce travail aux multiples références tirées de rapports d'exploration, de relations missionnaires, ainsi que de documents administratifs et militaires. C'est parce qu'au temps de Yarrow, l'anthropologie américaine en était encore à ses débuts ; sa monographie se trouve effectivement dans le tout premier rapport annuel du bureau de l'ethnologie de la Smithsonian Institution. Les disciples américains de Boas n'avaient pas encore visité la péninsule du Québec-Labrador. Mais ça ne devait pas tarder. Lucien Turner conduisait déjà, de 1880 à 1884, des travaux de recherche chez les Inuits de Kuujjuak et chez les Innus de trois communautés : Utshimassit, Sheshatshit *(figure 1)* et la bande dite d'Ungava *(figure 6)*. Une décennie s'écoulera avant qu'on puisse trouver les résultats de ses travaux dans le onzième rapport de la Smithsonian Institution (Turner, 1894). Turner désignait les gens de ces trois communautés innues par le terme *Nenenot*, qu'il traduisait par l'expression plurielle « *true, or ideal red men*[15] ». Ces gens lui confièrent que la pratique de l'inhumation souterraine avait été introduite par les missionnaires ; avant l'arrivée de ces derniers, ils plaçaient leurs défunts sur des échafauds ou encore dans les arbres. Turner rapporte qu'en hiver, loin du poste de traite, c'est-à-dire de l'établissement blanc où se tenait le plus souvent le missionnaire, ses interlocuteurs suivaient l'ancienne coutume arboricole, quitte à y retourner l'été suivant pour enterrer leurs morts (*ibid.*, p. 271-272). À partir de 1920, l'anthropologue américain Frank G. Speck visita plusieurs communautés innues chassant dans le sud-est du Québec-Labrador, où l'influence missionnaire remontait déjà à près de deux siècles. Dans son ouvrage de 1935, il ne semblait pas convaincu que la sépulture aérienne y ait un jour été en usage. Seules de futures fouilles archéologiques, selon lui, pourraient permettre de clarifier cette question (Speck, 1935, p. 44). Nous verrons pourtant que son ouvrage de 1935 contient de précieuses informations, qu'il lui aurait suffi d'examiner de plus près pour ne pas s'en remettre uniquement à d'éventuelles excavations. Quelques années plus tard, en 1927-1928, William Duncan Strong a visité les Innus d'Utshimassit (figure 1) et de l'ancienne bande dite de la Toundra (figure 6). L'examen de ses notes de terrain nous apprend que les gens d'Utshimassit n'utilisaient les arbres qu'en cas de gel au sol ou de neige abondante, quitte à faire la mise en terre au printemps suivant (Leacock et Rothschild, 1994, p. 136). Ces propos semblent confirmer ceux de Turner. Il ne faut cependant pas oublier qu'aucun de ces deux auteurs n'a observé directement les faits en question ; tout ce qu'ils en disent leur vient de conversations tenues aux postes de traite, c'est-à-dire fort loin des lieux où se tenaient ces gens la plupart du temps. Ceux d'Utshimassit auraient dit à Strong que leurs voisins de la toundra s'en tenaient uniquement à la technique arboricole ; ils sous-entendaient peut-être par là, pour enjôler leur interlocuteur américain, que ces gens de l'arrière-pays n'avaient pas encore eu la même chance qu'eux d'être en contact avec la modernité blanche ! C'est un réflexe bien souvent observé dans des circonstances semblables. Et il semble qu'ils en remirent en suggérant que cette méthode était au demeurant inefficace, puisque les ours peuvent grimper aux arbres et avoir ainsi accès aux défunts. S'il est vrai que les gens de la toundra couraient ainsi le risque de voir leurs morts se faire manger par les ours, c'est donc qu'ils utilisaient à longueur d'année la suspension aux arbres ou un de ses substituts ; les ours dorment en hiver, ce n'est qu'en été qu'il leur arrive de grimper aux arbres. Vraie ou fausse, l'accusation des gens d'Utshimassit restait de taille, quand on sait que le rituel funéraire visait aussi à éviter que les défunts ne se retrouvent dans le ventre de carnivores tel Katshituasku. Ce qui montre bien que même les Innus d'Utshimassit accordaient beaucoup d'importance à la position élevée des défunts, c'est-à-dire à la verticalité du cosmos algonquien. Nous reviendrons plus loin sur cette dimension du monde.

Il est étonnant qu'aucun de ces trois observateurs américains ne fasse explicitement mention des observations d'un des missionnaires dont les Innus leur avaient pourtant parlé, soit le célèbre jésuite Paul Le Jeune. Ce dernier commença à fréquenter

Figure 6. Localisation approximative des groupes autochtones au Québec-Labrador dans la seconde moitié du XIXᵉ siècle (Speck, 1935, p. 4, fig. 1).

les Innus entre Tadoussac et Québec en juillet 1632. Dans la *Relation de ce qui s'est passé durant l'année 1633*, il écrivit : « Passant vers ce même temps dans le bois où étaient cabanés quantité de Sauvages, je trouvai un corps mort, enseveli par les Sauvages : il était élevé fort haut sur des fourches de bois, accompagné de ses robes et autres richesses, couvert d'une écorce (c'est leur drap mortuaire). Je leur demandai quand on l'enterrerait, ils me répondirent, quand il ne neigerait plus ; la neige tombait pour lors en abondance » (Le Jeune, 1972a [1633], p. 11). L'interprétation du jésuite, à savoir que l'utilisation des arbres n'était due qu'à l'impossibilité de mettre les corps en terre à cause de la neige et du gel, paraît un peu courte. Fraîchement arrivé au Canada, il en était alors à ses premières expériences avec ces gens. Plus tard, en 1634-

1635, lorsqu'il les accompagnera sur les territoires pour leur chasse d'hiver, il aura l'occasion de se familiariser avec leurs façons de faire. Pourtant, dans la *Relation* de 1636, il raconte que, le 6 juin de cette année-là, son confrère De Quen avait baptisé à Trois-Rivières un jeune homme malade, qui mourut à peine quelques jours plus tard. Or, écrit-il, sa mère s'était empressée de l'envelopper « dans diverses robes, et sans [...] en donner avis l'alla loger sur de hautes fourches, pour l'enterrer par après selon leur ancienne coutume ». On comprendra que, cette fois, Le Jeune se garde bien de nous faire le coup du sol gelé pour expliquer cette sépulture aérienne de juin, à Trois-Rivières. Informé du geste de cette femme, le confrère de Le Jeune alla s'en plaindre au chef amérindien, lui laissant entendre que le gouverneur français prendrait la chose assez mal (*ibid.* [1636], p. 23). Les jésuites reliaient cette coutume au paganisme. Il se pourrait très bien que, dès le départ, pour calmer les Français et protéger les alliances avec eux, les Innus aient mis au point la ritournelle du sol gelé, servie plus tard aux Turner, Speck, Strong et autres anthropologues. Ce qui n'exclut cependant pas que le rituel funéraire ait comporté plus d'une étape, l'inhumation aérienne temporaire ayant précédé une mise en terre ou en feu (crémation[16]) ultérieure. C'est ce qui ressort d'observations faites chez d'autres peuples algonquiens aux XVIIe et XVIIIe siècles[17], plus particulièrement chez les Micmacs d'Acadie fréquentés de 1632 à 1672 par Nicolas Denis, marchand de La Rochelle[18]. Au début du XXe siècle, les Algonquiens des Grands Lacs et du sud des provinces centrales du Canada pratiquaient toujours l'inhumation aérienne (arbres ou échafauds) (Skinner, 1911, p. 167).

Bref, sans nier que les rigueurs des hivers nord-américains aient contribué à promouvoir l'inhumation aérienne, on peut penser que cette pratique a pu acquérir avec le temps une valeur cosmologique justifiant son usage en toute saison. Les propos des amis micmacs du marchand Denis Nicolas, à la même époque, au sujet de l'importance d'exposer le corps au soleil durant au moins un an, nous mettent sur la piste de ce que nous suggèrent les quatre textes innus examinés dans le présent ouvrage : le zénith serait la source de la vie garantissant la victoire sur la mort du gibier et des humains. Les arbres, auxquels on confie leurs restes, servaient donc de véritables rampes de lancement à partir desquelles les défunts s'engageaient sur la voie conduisant vers la lumière. Le missionnaire des Innus écrivait en 1634 : « Ils appellent la voie lactée *Tcipaï meskenau*[19], le chemin des âmes, pour qu'ils pensent que les âmes se guident par cette voie pour aller en ce grand village » (Le Jeune, 1972a, p. 18).

Au dernier épisode du récit racontant le passage sur terre de Tshakapesh, celui-ci décide d'aller chasser seul. Sous prétexte de récupérer une flèche perdue, il grimpe dans un arbre et, grâce à son souffle, le fait croître jusqu'au sommet de la voûte céleste, où les siens et lui s'identifièrent à la lumière du monde. Au temps de Tshakapesh, les gens devaient finir ainsi, quand ce n'était pas dans l'estomac d'un *katshituasku* ou autres anthropophages éliminés par le héros. Si c'est ainsi que prenait fin leur existence terrestre, on peut se demander comment elle avait bien pu débuter. Revenons donc à la naissance du héros, telle qu'elle est racontée au premier épisode. Parti en forêt en quête de végétaux, nous dit-on, ce couple avait laissé sa fille au campement. La mère était sur le point de mettre un enfant au monde. Que serait-il arrivé s'ils n'avaient pas rencontré Katshituasku ? Comme le faisaient souvent les parents innus, ils seraient revenus au campement en disant à leur fillette qu'ils avaient trouvé un bébé dans une vieille souche ! Au cours des années 1970, Christine Volant, de Mani-Utenam, une amie de longue date maintenant décédée, m'a un jour fait part de sa perplexité lorsque, toute petite, elle découvrait un nouveau-né dans la tente familiale : « Ils nous disaient, concluait-elle en souriant, qu'ils l'avaient trouvé dans une vieille souche ». Une fable inspirée de la tradition imaginaire innue, confirmée à la même époque par le chasseur William Mathieu Mark, d'Unaman-shipit (Jauvin, 1993, p. 78). Mais les parents ne revinrent jamais. Que fit donc alors la fillette ? Elle enferma le fœtus non viable de son cadet dans un contenant végétal, d'où il ne tardera pas à s'éjecter tel un bébé naissant du ventre de sa mère. Et pourquoi Katshituasku n'avait-il pas dévoré ce fœtus, dont la présence dans le ventre maternel ne lui avait pourtant pas échappé, puisqu'il l'appellera plus tard son laissé-pour-compte? Selon le conteur de la variante 3, c'est parce que le monstre crut que cette excroissance était pathologique. Ce ne devait pourtant pas être le premier « gibier » femelle qu'il éventrait! Et s'il était vrai que, avant l'ère *Tshakapesh*, les êtres naissaient dans les souches des arbres, d'où ils rêvaient de pouvoir s'envoler plus tard?

Speck, qui à notre connaissance n'a jamais mentionné la fable à propos des bébés trouvés dans les souches, en rapportait cependant une autre semblant à première vue contradictoire, qui aurait cependant pu le mettre sur la piste : les bébés « sont tombés des nuages », disait-on aux enfants (Speck, 1935, p. 44). Il savait pourtant, tel qu'il est mentionné, que les Innus utilisaient l'expression *tshipai meshkanau* (chemin des morts) pour désigner la Voie lactée. De plus, des Innus lui avaient dit que les âmes des défunts se transformaient en étoiles, avant de revenir se réincarner après un certain temps (*ibid.*, p. 44). Il lui aurait ainsi suffi de peu pour reconstituer le circuit suivant : un arbre en pleine croissance est l'endroit idéal pour permettre à la vie, en train de quitter le corps, de s'élancer via la Voie lactée vers la lumière, où Tshakapesh séjourne désormais en permanence hors du temps, et d'en revenir quelques saisons plus tard sous forme d'étoiles filantes tombant dans les vieilles souches, au creux desquelles elles se transforment en nourrissons, qu'on allait cueillir loin des yeux des jeunes enfants, comme souhaitaient sans doute le faire les parents de Tshakapesh. C'est ainsi que chacun peut prétendre être un ancêtre réincarné, surtout s'il en porte le nom affublé du suffixe diminutif -*ish* (*ibid.*, p. 39).

L'entière cosmologie algonquienne, comme le démontreront les trois prochains récits, s'organise autour d'un axe vertical traversant la terre, dont la section aérienne et lumineuse renvoie à tout ce qui est favorable aux humains, tandis que son prolongement souterrain plonge dans les profondeurs obscures qui

contiennent les pires maléfices. Or, s'il est une forme de vie autre
que celle des humains qui coïncide avec un tel axe, c'est bien celle
des arbres. À propos du savoir botanique des Innus, Daniel Clément écrivait :

> Parmi toutes les plantes décrites par les autochtones, il apparaît
> par ailleurs que certaines d'entre elles font l'objet d'un discours
> plus particulier. Ainsi, les arbres *(mishtukuat)* forment le groupe
> ou l'ensemble de végétaux le plus important pour les Monta-
> gnais : ils sont le plus souvent comparés aux êtres vivants […].
> Cette importance considérable accordée aux arbres constitue en
> réalité, avec celle accordée à *ashti* (la terre), la base de la pensée
> ethnobotanique montagnaise. Comme on l'a vu, les conifères,
> en particulier, servent de fondement à la connaissance repro-
> ductive (par les racines) et à l'idée de la ressemblance entre les
> espèces végétales et les êtres vivants (Clément, 1990, p. 21 et 24).

Le récit de Tshakapesh semble miser sur le fait que les arbres
entretiennent avec les humains des liens vitaux. L'ascension finale
du héros vers la lumière à laquelle il s'identifie, tels Zeus et Jupiter,
est l'indice de son immortalité.

Héros légendaire continental

Les Kutenais occupaient la région montagneuse couvrant le
sud-ouest de l'Alberta, le nord de l'Idaho et le nord-ouest du
Montana. Un anthropologue canadien d'origine australienne,
Diamond Jenness, avait trouvé des ressemblances entre leur mode
de vie et celui des « tribus migratrices de l'est du Canada » (Jenness, 1963, p. 359). En général, les linguistes ont tendance à penser que la langue des Kutenais ne s'apparentait à aucune autre
langue indienne connue. Certains ont cependant cru y trouver
une parenté ancienne avec les langues salishanes de leur voisinage,
ainsi qu'avec celles de la famille algonquienne (Swanton, 1984,

p. 392). On se souviendra qu'ils avaient une frontière commune avec les Blackfoots, soit le groupe algonquien le plus occidental. Selon Jenness, les Kutenais déposaient leurs morts à découvert, dans des trous rocheux au milieu de grosses masses pierreuses ; convaincus qu'ils finiraient par ressusciter au lac Pend-Oreille, tous les groupes convergeaient, certains hivers, vers cet endroit pour y danser en l'honneur du soleil. On retrouve ici non seulement une des formes de sépulture aérienne mentionnées par Yarrow, mais également la relation entre la réincarnation et cette exposition à la source de la lumière du jour (Jenness, 1963, p. 360-361). En 1891, à la mission Saint-Eugène, un Kutenai nommé Michel a raconté à Alexander F. Chamberlain la brève histoire qui suit, dont Boas publia en 1918 une version en langue indienne accompagnée d'une traduction littérale anglaise (Boas, 1918, p. 44-47) :

Il y avait deux Tsa'kap, le frère et la sœur aînée. [Le frère] *se fit dire : « Ne va pas là-bas. » Il pensa : « J'irai là-bas. » Il partit. Il s'en alla. Un écureuil était assis sur un arbre. Il le tira. Il l'atteignit. Il le tua. Il l'observa. Il y avait un lac. Il enleva ses vêtements. Il se baigna. Un peu plus loin dans l'eau il y avait un omble. Il l'avala. Il y avait sa sœur aînée. Le Tsa'kap avait disparu. La femme pensa : « Pourquoi Tsa'kap n'est-il pas là ? » La femme partit en direction du lac. Elle examina sa ligne à pêche. Elle la retira. Elle retira l'omble de l'eau. Elle l'ouvrit. Le Tsa'kap parla* [de l'intérieur]. *Il dit : « Ouvre-le en deux. » Alors elle l'ouvrit en deux. Elle ouvrit le ventre. Le Tsa'kap en jaillit. Eux deux, le frère et la sœur aînée, retournèrent ensemble à leur tente. Elle lui dit : « Ne va pas par là. » Il pensa : « J'irai. » Il y alla. Il y avait un écureuil sur un arbre. Il le tira. Il ne l'atteignit point. Il prit sa flèche manitoue et tira. Il l'atteignit. Il alla chercher sa flèche. Il continua à marcher. Il y avait une tente. Il entra. Il y avait une femme assise. Elle lui dit : « Qu'est-ce que c'est ? » Il lui dit : « Je cherche ma flèche. » Elle lui dit : « Allons-y. Nous irons nous balancer. » Il lui dit : « Soit. » Elle lui dit : « Toi d'abord. » Il s'assit. Il lui dit : « Toi d'abord. » Elle lui dit : « Toi d'abord. » Alors le Tsa'kap se balança.* [La corde] *ne cassa pas. Le Tsa'kap revint à terre. Il dit à la femme : « Maintenant tu te balances. » [La corde] cassa et la femme mourut. Le Tsa'kap partit et arriva à sa tente. Il se fit dire par sa sœur aînée : « Ne va pas là-bas. » Il partit. Il vit un manitou cherchant du castor. Ils étaient plusieurs manitous.*

Il dit : « Laisse-moi prendre le castor. » Il le tua[20]. Il le prit. Il s'en alla. Le Tsa'kap est poursuivi. On lui dit : « Mets ça à terre, ça m'appartient. » Il dit : « Non, c'est à moi. » Il s'en alla à sa tente. Il dit à sa sœur aînée : « N'avons-nous pas de père ? » Elle dit : « Non. » Il pensa : « Oh, si j'avais un père ! » Le lendemain, il dit à sa sœur aînée : « Tu as menti. Il faut bien que j'aie un père. » Elle lui dit : « Tu as un père. Ton père fut tué par l'ours grizzly. Il y a une montagne là-bas. » Le lendemain, le Tsa'kap partit. Il y arriva. Il dit : « Viens, je te tuerai. » L'ours grizzly vint. Il dit aux deux [au frère et à la sœur aînée] : « Qu'as-tu dit ? » L'ours dit : « Je te tuerai[21]. » Il dit : « Tire sur ça. » Le Tsa'kap tira sur un arbre. L'arbre tomba. [Le Tsa'kap] dit [à l'ours grizzly] : « Va-t-en. » Le grizzly s'en alla dans la montagne. Il y arriva. L'ours grizzly s'arrêta. De loin il fut tiré et tué. Le Tsa'kap se rendit là. Il le dépeça. Il prit les cheveux de son père. Il s'en alla. Il arriva à la montagne. Il dit : « Viens, ours grizzly, je te tuerai. » L'ours grizzly partit. Il arriva là. Il dit : « Qu'est-ce que c'est ? » Le Tsa'kap dit : « Je te tuerai. » L'ours grizzly dit : « Tire sur cet arbre. » Il tira dessus. L'arbre tomba. L'ours grizzly dit : « Je ne vais pas te tuer, Tsa'kap. » [Le Tsa'kap] dit : « Je vais te tuer. » Il dit à l'ours grizzly : « Va-t-en. » L'ours grizzly s'en alla dans la montagne. Il s'arrêta. Il fut tiré et tué. Le Tsa'kap y alla. Il l'éventra. Il prit ses cheveux. Il retourna à sa tente. Il y resta. Le lendemain, il dit à sa sœur aînée : « Déménageons. » Il s'en alla. Il alla de l'autre côté de la montagne.

Outre la ressemblance des termes *Tsa'kap* et *Tshakapesh*, on aura noté d'autres similitudes trop précises pour être attribuées au hasard : parents dévorés par l'ours, vengeance du fils surprotégé par sa sœur, chasse aux écureuils, poisson avaleur, chasse aux castors et balançoire. Rappelons que les Kutenais avaient une frontière commune avec les Blackfoots de langue algonquienne.

Quittons maintenant cette région et allons en direction sud-ouest, pour nous rendre chez les Achumawis, dont le territoire se trouvait dans le nord-est de la Californie, plus précisément à Big Bend, sur la rive de la rivière Pit, où habitaient Istet Woiche et son épouse. Ils étaient du sous-groupe appelé Modesse. C'est là que débutèrent, vers 1908, les entretiens entre ce dernier et un médecin de Washington (D.C.) nommé Hart Merriam. Ce dernier publia vingt ans plus tard un long récit de genèse. L'ouvrage fut réédité aux Presses de l'Université de l'Arizona en 1992, accompagné d'une brève présentation rédigée par l'anthropologue Dennis Tedlock (Merriam, 1992, p. xix). La langue achumawie formait, avec celle de leurs voisins atsugewis, la famille linguistique du palaihnihan, qu'on a parfois reliée à neuf autres familles linguistiques californiennes, ce qui représenterait une macrofamille nommée hokan (Goddard, 1996[22]). Ce long récit, qui se présente en vingt chapitres, se déroule presque entièrement entre la création d'un premier monde et son immersion à la veille de l'apparition du nôtre. Le noyau dur de cette histoire traite de la généalogie, de la naissance et des prodiges accomplis par Edechewe, l'homme pékan. Ce héros inaugura le mode de production de la chasse, en exterminant une pléthore de monstres encore plus redoutables que ceux auxquels son homologue Tshakapesh eut à faire face. Il participa, comme lui, à la mise en mouvement des luminaires célestes. Il est également question de ce héros dans un chapitre où l'on apprend que divers monstres chtoniens enlevèrent son jeune frère, et on explique comment il s'y prit pour le récupérer. Il s'agit là d'un épisode classique des aventures que les répertoires algonquiens et sioux associent généralement au personnage du Trickster (Savard, 1971, p. 100-107). En fait, il est question de ce héros dans 90 des 160 pages du récit. Il y aurait beaucoup à dire sur les autres chapitres, notamment celui qui relate comment le petit-fils du créateur fut chargé d'aller remettre sur la bonne voie les peuples barbares d'outre-Atlantique, comment il s'y rendit en s'incarnant dans le sein d'une vierge, comment il fut par la suite supplicié et mis à mort et comment il ressuscita avant de disparaître dans les airs. Il s'agit sans doute d'une riposte aux prétentions des évangélisateurs venus d'Europe au XVIᵉ siècle. Je me limiterai cependant ici à évoquer rapidement le contenu des chapitres 5 à 10, où l'on trouve à la fois l'essentiel du rôle d'Edechewe dans cette genèse achumawie ainsi que ses points de ressemblance avec le Tshakapesh algonquien et le Tsa'kap kutenai.

Edechewe et le monde végétal

Au temps où il n'y avait que de l'air et de l'eau, Annikadel et son grand-père flottaient dans l'air. Le monde était encore dans l'obscurité. Apponahah, le ver à soie, dérivait sur l'eau primale sans même avoir conscience de son existence. Tout à coup, à l'instigation d'Annikadel, il sut qu'il existait et aperçut loin, très loin, vers l'est un peu d'écume blanche. Pendant longtemps, il désira qu'elle s'approchât de lui. Si longtemps que lorsque son désir se réalisa, l'écume avait pris de la consistance. Ce qui lui permit de tenir sur elle. Il dériva ainsi encore longtemps, en transformant l'écume durcie en une grande île triangulaire flottante. Un jour, Annikadel visita l'île et y mit diverses espèces d'arbres un peu partout, mais surtout sur les montagnes. Il fit ensuite en sorte que des feuilles et des graines tombent en terre, d'où sortirent les êtres ni tout à fait humains ni tout à fait animaux qui peuplèrent ce premier monde. Il n'y avait qu'une seule exception : l'être issu du cône de pin à sucre, qui était ni tout à fait humain ni tout à fait pin à sucre. Ce dernier eut un fils qu'on nomma Ahsoballache. Pour sa part, la graine de cèdre d'encens se transforma en femme/tamia rayé : celle-ci eut une fille dont on nous ne dit pas le nom. Le récit se fait tout aussi discret sur les techniques de reproduction à l'origine de l'apparition de ce fils et de cette fille. Cône de pin à sucre parla un jour à son fils Ahsoballache de la fille de Tamia Rayé, lui enjoignant d'aller la prendre pour épouse. Ahsoballache consulta à ce sujet son grand-père Pin à sucre, qui se dit d'accord sur le choix de son fils, tout en confiant à Ahsoballache qu'il pourrait rencontrer quelques difficultés à obtenir la fille de Tamia Rayé. Le jeune homme partit en proclamant sa volonté d'y arriver. Tout en marchant, il chantait. Tamia Rayé l'entendit et fit tout pour que sa fille ne l'entende pas. Mais au cœur de la nuit, la voix d'Ahsoballache parvint aux oreilles de la jeune fille. La chose se produisit durant les trois nuits suivantes, si bien qu'elle s'échappa de la maison à l'insu de Tamia Rayé. Courant jusqu'au ruisseau, elle trouva celui qu'elle espérait tant voir. Elle fut séduite par l'odeur de résine de pin à sucre qui s'en dégageait. Au début, Tamia Rayé se montra réticente, mais elle finit par l'accepter comme gendre quand elle sut qui était son père. Au bout de dix jours, la fille annonça à sa mère que son homme retournait chez lui et qu'elle était déterminée à le suivre. La mère se résigna à les laisser partir : « Je ne puis te retenir, dit-elle. Va, maintenant que tu as trouvé un homme. » Le jeune couple partit en direction de l'endroit où résidaient les parents d'Ahsoballache. Cône de Pin à sucre et son épouse les reçurent avec joie. Il enjoignit à son fils d'aller présenter sa jeune épouse à son grand-père paternel Homme Pin à sucre. Ce dernier les félicita et leur suggéra d'avoir un enfant. Ayant brisé un cône de pin à sucre, il en confia la chair à Ahsoballache en lui disant : « Ce soir, mets ça dans un panier. Et quand tous seront endormis, va puiser un peu d'eau à la source et déposes-y cette noix. Referme ensuite le panier et ne permets à personne de regarder à l'intérieur. » La grand-mère prit la jeune femme à part et lui donna la très douce fourrure d'un chat sauvage et celle d'un lapin. Elle ajouta un bouquet d'herbe aussi douce que de la soie et dit : « Mets ça sous tes vêtements et ne le montre à personne. » Le couple alla dormir et fut réveillé le lendemain par les cris d'un bébé. Edechewe était né. Sa grand-mère paternelle insista pour le garder. Mais après quelques jours chez elle, il se mit à pleurer. Personne n'arrivait à le consoler. Ils firent appel à tous les frères et à toutes les sœurs aînées d'Ahsoballache. Mais rien n'y fit. L'enfant pleurait toujours. Il ne commença à rire que lorsque le nom de Tamia Rayé fut mentionné. La jeune maman se demandait bien comment faire parvenir l'enfant à la grand-mère maternelle de ce dernier. Ahsoballache alla demander conseil à son propre grand-père Pin à sucre, qui lui suggéra d'en parler à sa grand-mère. Celle-ci accepta de conseiller

*l'épouse d'Ahsoballache, à la condition que ce dernier n'assiste pas à
la conversation entre les deux femmes. La vieille suggéra à la jeune
mère de se rendre sur la montagne le lendemain, de regarder en
direction du pays de Tamia Rayé, d'observer à quoi cette dernière
employait son temps et de venir lui en faire part. Le lendemain, la
jeune femme revint dire à la grand-mère d'Edechewe : « Ma mère
s'occupe présentement à chercher des racines autour d'une butte dans
la vallée. » La vieille lui indiqua alors le moyen de faire parvenir le
bébé jusque-là. Il suffisait de le déposer dans un panier et de l'y atta-
cher au moyen de fils d'araignée. Puis, de retour sur la montagne, elle
devait d'une main soulever la couverture d'herbe du sol, et de l'autre
y balancer le panier au moment où Tamia Rayé en ferait autant au
loin chez elle. Le lendemain, lorsque Tamia Rayé s'apprêtait à extraire sa dernière racine de la journée, un bébé sortit de terre et se mit à
pleurer. Effrayée d'abord, elle comprit ensuite qu'il s'agissait de son
propre petit-fils, l'adopta et lui donna le nom d'Edechewe (celui qui
voyage sans cesse autour du monde).*

La vie commence donc par les arbres, d'où vinrent les habitants du premier monde sous la forme de personnes-animaux
comme Tamia Rayé. Cette dernière, on ignore comment, enfanta
la mère d'Edechewe. Quant au père de celui-ci (Ahsoballache), il
semble issu d'une lignée végétale pure : son père tomba d'un pin
à sucre sorti directement des mains d'Annikadel, et sa mère, bien
qu'animale, provenait d'une lignée de type Cèdre d'encens. Les
antécédents végétaux d'Edechewe, dit aussi l'Homme pékan, sont
tout aussi explicites, sinon plus, que ceux de son cousin du Labrador. De plus, comme ce dernier a fait un séjour dans une sorte de
mère porteuse végétale (un contenant en bois refermé par un
morceau d'écorce), Edechewe connaît une seconde naissance
lorsque sa grand-mère maternelle l'extrait du sol comme une
racine. On notera au passage que ces deux héros seront élevés par
une parente.

Edechewe et le mode de production

Un jour, l'enfant courut vers sa grand-mère en disant : « J'ai vu quelque chose qui a de gros yeux et de grosses cornes. — Ce doit être la sauterelle, dit-elle. — Est-ce bon à manger ? — Oui, mais tu es trop petit pour le tuer. » Elle lui remit un petit arc et une flèche très solide, qu'elle lui conseilla d'utiliser pour tuer la sauterelle. Il partit et revint avec un panier rempli de sauterelles en disant : « Voilà le gibier, le veux-tu ? » Elle accepta en disant qu'elle le ferait cuire pour le manger. Les jours suivants, il allait au lit très tôt, se levait à l'aube et retournait en forêt. Chaque soir, il revenait en disant qu'il avait vu un oiseau, le décrivait à sa grand-mère et lui demandait ce que c'était. Elle lui en disait le nom, lui remettait son arc et ses flèches, en faisant toutefois remarquer qu'elle le croyait trop jeune pour le tuer. Ceci le chagrinait tant qu'il en pleurait. Il partait quand même et revenait avec un panier plein de cette sorte d'oiseau. Cette scène se produisit dix-sept fois.

Seul le pélican fut jugé non comestible par Tamia Rayé. Les jours suivants, le même exercice eut lieu avec quinze espèces de mammifères, allant du plus petit au plus gros. De ceux-ci, Tamia Rayé déclara que le grizzly ne pouvait pas être mangé. Après ce long travail, Edechewe prit un bain de vapeur, alla nager dans la rivière et se reposa. Ici, la ressemblance entre nos deux récits est frappante. Dans les deux cas, le héros revient toujours vers l'aînée pour apprendre ce qu'il ignore. Et comme le faisait la sœur de Tshakapesh, la grand-mère d'Edechewe sous-estime ses aptitudes. Les deux héros d'origine végétale inaugurent le mode de production de la chasse. Si Tshakapesh acquérait le contrôle de la prédation en éliminant ceux qui la pratiquaient au détriment des siens, ce fut longtemps après qu'Edechewe dut venir à bout d'une faune cannibale cherchant à l'empêcher de la propulser dans le ciel sous forme d'astres et d'étoiles.

Edechewe et les luminaires célestes

*Un soir, les deux frères demandèrent : « Avons-nous une mère ?
Pourquoi t'appelons-nous grand-mère ? — Oui, leur répondit-elle,
mais ils[23] vivent très loin. — Comment sommes-nous arrivés ici ?
— Votre mère vous y a envoyés, l'un sous la terre, l'autre dans les airs.
Je vais vous raconter quelque chose. » Mais Edechewe l'interrompit :
« Très bien, grand-mère, mais je veux d'abord savoir d'où vient cette
lueur. [Le soleil était très loin à l'est et ne fournissait qu'une faible
lueur. Il n'y avait pas de soleil ici.] — Il y a très longtemps, répondit-
elle, l'Homme-Lune et la Femme-Soleil étaient à l'ouest, au fond de
l'océan. Des gens réussirent à les tirer de là et à les transporter à l'est.
C'est là que se trouve la Femme-Soleil. Maintenant, ils ne savent pas
trop quoi faire avec elle. » Edechewe se dit qu'il savait bien ce qu'il en
ferait. En compagnie de son frère cadet, il entreprit un périlleux
voyage, au cours duquel ils durent défendre leur vie menacée par différentes espèces de serpents et de dragons. Parvenus à l'endroit où
avaient été déposés l'Homme-Lune et la Femme-Soleil, ils eurent fort
à faire pour les convaincre de se laisser lancer dans la voûte céleste en
compagnie de leurs deux filles, Étoile-du-Nord et Étoile-du-Sud.
Après quoi, Edechewe déclara : « J'ai terminé. Tout cela sera reconnu
comme mon œuvre. » Edechewe retourna ensuite chez sa grand-
mère, et finalement chez sa mère. Si les astres et les étoiles étaient
maintenant au ciel, ils demeuraient toujours immobiles. Et la chaleur qui s'en dégageait finit par provoquer une sécheresse insuppor-
table. Le plus difficile restait donc à faire, soit séparer la Femme-Soleil
de l'Homme-Lune. Une délégation fut envoyée à Annikadel au centre
du monde, où il se tenait avec son grand-père, Noyau de l'Univers.
L'opération était si délicate qu'Annikadel jugea sage d'aller consulter
son grand-père. Ce dernier lui donna des instructions concernant la
première étape à suivre. Quand celle-ci fut franchie, Annikadel
retourna vers son grand-père en insistant sur l'urgence d'en finir. Le
vieux sortit alors quelque chose qui était sous lui, le secoua en direction de l'est et le lança ensuite vers l'ouest. Le sol trembla. Le monde
commença à tourner, et l'Homme-Lune à dériver. La Femme-Soleil*

demeura immobile, comme ses filles, Étoile-du-Nord et Étoile-du-Sud. La terre tourne. C'est ce qui cause le vent. Le son voyage. Long-temps plus tard, ce premier monde se termina par une inondation. Les habitants hybrides du premier monde se firent recommander de se coucher ventre à terre dès que les eaux commenceraient à monter. On leur annonça que, lorsque les eaux se seraient retirées, ils seraient devenus des animaux tels qu'on les connaît aujourd'hui. Les véri-tables humains arrivèrent après cette inondation.

On doit donc à Edechewe la chaleur et la clarté du monde dans toute son intensité, même s'il fallut par la suite l'intervention des puissances supérieures pour l'atténuer un peu, grâce à l'alter-nance du jour et de la nuit. Dans l'introduction de son ouvrage, Merriam signalait l'importance des étoiles pour les gens du groupe dont Istet Woiche faisait partie. Il nous apprend entre autres qu'ils désignaient la Voie lactée par une expression signi-fiant « le chemin des morts » (Merriam, 1992, p. xxiii), comme le *tshipai meskanau* des Innus. L'ethnographie des Achumawis indique que les défunts étaient déposés sous la terre, mais des sépultures aériennes furent observées dans le bassin de la rivière Umqua, au sud-ouest de l'Oregon, ainsi que chez les groupes occupant le bassin de la Columbia dans l'État de Washington (Lalande, 1991, p. 36).

* * *

Ce premier des quatres récits de François Bellefleur déploie le cosmos algonquien, à l'intérieur duquel les enfants innus étaient appelés à se développer en tant qu'êtres humains, à trouver un sens à leur vie, perpétuant ainsi la vie des divers segments de la société innue. Les trois autres récits exploreront, chacun à sa manière, les écueils sur lesquels cette société risque de se briser et les règles permettant de les éviter.

DEUXIÈME RÉCIT

L'enfant abandonné : l'origine de l'été

« *Abandonnons notre fils, dit-elle à son mari, abandonnons-le.* » *Tôt le lendemain, avec l'aide de sa femme, il chargea son traîneau.* « *Maman, mets-moi mes chaussettes ! dit l'enfant. — Attends un peu, répondit la femme, je vais d'abord charger mon traîneau.* » *Quand elle eut terminé, l'enfant répéta sa demande :* « *Maman, mes chaussettes ! — Mais attends donc que j'aie chaussé mes raquettes* », *lança-t-elle. Lorsqu'il vit sa mère marcher en raquettes, il revint à la charge :* « *Mes chaussettes, mes chaussettes, maman ! — Laisse-moi vérifier si la charge est bien équilibrée, je reviendrai ensuite te mettre tes chaussettes* », *lui dit-elle. Elle s'éloigna en tirant son traîneau, mais ne revint pas. L'enfant courut derrière elle en criant :* « *Maman, maman, tu m'abandonnes !* » *Mais elle continua à s'éloigner sans tenir compte de ses appels. Comme il commençait à geler des pieds, il retourna au rivage en courant et se mit à pleurer.*

Son grand-père, Mistapeu[1], l'entendit et accourut vers lui. En l'apercevant, l'enfant, terrorisé, cria : « *Maman, Atshen[2] arrive !* » *Mistapeu eut cette remarque :* « *C'est plutôt ta mère qui est une Atshen, elle qui t'a abandonné.* » « *Pourquoi ont-ils fait ça ?, demanda-t-il à l'enfant. — Parce que j'avais des poux, répondit celui-ci. — La belle excuse que voilà !* », *déclara Mistapeu en s'employant à épouiller le petit. Il extermina tous les poux que portait l'enfant, à l'exception de cinq : un mâle, une femelle, un jeune, un plus jeune que le précédent et enfin une lente. « Quand les humains voyageront au printemps, l'épouillage leur tiendra lieu de passe-temps[3] », dit-il. Après quoi, il mit son petit-fils dans une de ses mitaines et partit dans cette direction[4].*

Après avoir marché un certain temps, ils aperçurent un très jeune porc-épic. « Grand-père, tue-le et je le ferai rôtir, dit l'enfant. — Pas celui-là, répondit Mistapeu, la cendre colle trop sur les jeunes comme lui[5]. Nous en verrons d'autres. » Plus loin, ils en rencontrèrent effectivement un autre. Sans être à pleine maturité, il était moins jeune que le premier. « Celui-là, nous le prendrons », dit Mistapeu. Il le tua sur-le-champ. Le soir venu, il le fit rôtir en le suspendant à une corde devant un feu[6]. « Tu en mangeras lorsqu'il sera cuit », dit-il au petit. La cuisson terminée, l'enfant s'apprêta à manger et demanda à son grand-père quel morceau de viande il souhaitait avoir. « Aucun, répondit Mistapeu. Quelle que soit la partie de l'animal que je mangerais maintenant, elle n'aurait plus aucune saveur pour les humains de l'avenir. Alors, je me contenterai des poumons[7]. » Après avoir mangé, ils continuèrent leur route dans la même direction. Plus tard, ils iraient ailleurs[8]. « N'allons pas par là. Ce n'est pas par là que sont les gens, dit Mistapeu. Pour l'instant, nous allons retrouver ta mère. »

Lorsqu'ils furent rendus au campement de ses parents, l'enfant courut dans leur tente, tandis que Mistapeu attendit à l'extérieur, assis sur le tas de bois de chauffage. En voyant entrer leur enfant, l'homme dit à sa femme : « Regarde, notre fils est de retour ! » Et il demanda à ce dernier qui avait bien pu le ramener. « C'est mon grand-père Mistapeu. Regarde, il est dehors », répondit l'enfant. Le père écarta un peu la toile de tente et aperçut Mistapeu assis sur la pile de bois. « Mais ce personnage couvert de fourrure, c'est un Atshen ! », s'exclama le père. Ce à quoi Mistapeu rétorqua : « C'est plutôt toi l'Atshen, n'as-tu pas abandonné ton enfant ? Occupe-toi plutôt d'agrandir ta tente pour que je puisse y tenir. » Lorsque la tente fut plus grande, Mistapeu y entra, s'assit et ne se leva plus. Quant à son petit-fils, il fut ensuite de toutes les expéditions de chasse au cari-

bou. *Avant de quitter le campement avec les chasseurs, il ne manquait jamais de demander à son grand-père quel morceau de viande il souhaitait qu'on lui rapportât. « Les poumons », répondait toujours Mistapeu. Et ainsi, quand la chasse avait été bonne, l'enfant lui rapportait les poumons demandés. Au retour, pendant qu'il enlevait ses raquettes devant la tente, il était tout fier de lui annoncer qu'il en avait pour lui. Mistapeu ne mettait rien d'autre que des poumons sur son bâton à rôtir. « Si je mangeais la viande maintenant, répétait-il, les hommes de l'avenir n'y trouveraient aucune saveur agréable. »*

Un jour que tous les chasseurs étaient ainsi partis au caribou, laissant comme toujours Mistapeu au campement avec la mère de l'enfant, celle-ci commença à se poser des questions au sujet de cet étrange visiteur. Sans prononcer la moindre parole, elle pensa : « Pourquoi reste-t-il constamment recroquevillé dans son trou ? On dirait qu'il est assis dans un nid. Il ne met jamais le nez dehors. Je me demande bien comment il s'arrange avec ses excréments. » Elle ignorait que Mistapeu pouvait connaître les pensées des gens. « Je sais à quoi tu penses, dit Mistapeu à cette femme. C'est pourquoi j'ai décidé de partir. Mais écoute bien ce que je vais te dire : quand l'enfant reviendra, vous serez incapables de l'arrêter de pleurer. »

À son retour, comme il le faisait toujours avant d'entrer, l'enfant cria : « Voici tes poumons, grand-père ! » Mais il n'y avait plus personne pour les prendre. « Où est mon grand-père ? Serait-il parti ? — Oui, répondit sa mère. — Alors, je vais le rejoindre. » On tenta en vain de le retenir, mais il leur échappa et rejoignit Mistapeu. Celui-ci le prit dans sa main, le monta à la hauteur de son visage et souffla sur lui. Porté par le souffle de son grand-père, le petit vint tomber au milieu de la tente de ses parents et fondit en larmes. « Que faudrait-il qu'on te donne pour que tu cesses de pleurer ? lui demandèrent-ils. — J'aimerais bien chasser les petits oiseaux de l'été[9]. — Bon ! Nous irons les chercher dès demain. Mais tu nous en demandes beaucoup », dirent-ils. Il faut savoir que la chose avait déjà été tentée sans succès.

Tôt le lendemain, ils se mirent en marche. Loutre était du groupe, Huard aussi. Comme d'ailleurs tous les animaux qu'on connaît maintenant. En cours de route, Loutre riait pour tout et pour rien ; le simple fait de tomber ou de s'accrocher les pieds sur quelque chose le faisait s'esclaffer. Ils finirent par arriver chez deux vieilles femmes, qui leur demandèrent où ils allaient ainsi. « Nous avons entendu parler d'un enfant qui pleurait sans cesse. S'agirait-il de cela ? dit l'une d'elles. — C'est bien ça. Nous allons lui chercher les étés, répondirent-ils. — Vous savez bien que vous n'êtes pas les premiers à tenter une telle aventure. Comment vous y prendrez-vous ? — Nous allons au moins essayer. Et si un jour la neige se met à fondre autour de chez vous, ce sera le signe que nous avons réussi. — Bon ! Sachez alors que votre prochaine rencontre sera avec Castor géant. On le dit généreux de sa graisse. Le problème est que, dès qu'il reviendra de sa cache à nourriture, il se mettra à péter au moindre de ses gestes. Et là, si vous riez de lui, il reprendra le tout et ira l'entreposer à nouveau à l'extérieur. — Dans ce cas, que faudra-t-il faire ? — Au moment où il ressortira, vous n'aurez qu'à couper la corde retenant le sac qu'il porte sur son dos. » Forts de ces conseils, ils reprirent la route.

Loutre continuait à pouffer de rire chaque fois qu'il trébuchait sur quelque obstacle de la route. Si bien que, sur le point d'arriver chez Castor, ses compagnons s'inquiétèrent : « Il va nous faire tout rater, celui-là. Pourquoi ne pas lui faire passer ses crises de fou rire ? » Ils se mirent alors à le chatouiller jusqu'à ce qu'il rie aux éclats, au point qu'il faillit en perdre le souffle. « Arrêtez, vous allez le faire mourir », dit quelqu'un. On le laissa alors en paix. Après ce traitement, il cessa de rire à propos de tout et de rien. Peu de temps après, ils arrivèrent chez Castor géant, qui les invita à entrer chez lui. Il alla chercher ce qu'il fallait pour nourrir ses visiteurs et revint avec de la graisse. Puis, il se mit à la déballer et à la tailler en morceaux. Chacun de ses gestes était automatiquement suivi d'un pet. Loutre n'en pouvait plus de se retenir. Inquiets, les autres s'efforçaient de le dissimuler derrière eux. Pour leur part, Caribou et Pékan aiguisaient leurs couteaux, tout en se tenant de chaque côté de la sortie. Quand Loutre éclata de rire, Castor remballa sa graisse, la remit dans son sac, porta celui-ci à son dos et se dirigea vers la porte. Avant de sortir de chez lui, il se trouva un instant coincé entre Caribou et Pékan, qui coupèrent la corde du sac et s'en emparèrent sans que Castor géant se rende compte de quoi que ce soit. « Nous allons chercher les oiseaux de l'été, lui dirent-ils. Si jamais la glace de ta rivière commence à tourner au jaune, tu pourras alors te dire que nous avons réussi. » À peine éloignés de la demeure de Castor, ils se partagèrent la graisse. « Loutre ! Combien en veux-tu ?, dirent-ils. — Comme la grosseur de ma tête. — C'est beaucoup trop pour quelqu'un qui a failli tout nous faire perdre. — Bon ! Alors, donnez-moi une portion de la grosseur d'une de mes pattes antérieures. » Comme celles-ci étaient plutôt courtes, on acquiesça à sa demande. Après ce repas de graisse, ils poursuivirent leur route.

Les vieilles femmes avaient dit qu'ils rencontreraient ensuite une certaine jambe droite. « Alors, que ferons-nous, rendus là ? », leur avaient-ils demandé. Elles avaient répondu : « Cette jambe aura les dimensions d'une falaise. Il faudra la frapper à coups de lance. Un tel obstacle n'a jamais pu être franchi. » Ils ne tardèrent pas à arriver à cet endroit, qu'on nommait Uepatautshihikat. Il s'agissait bien d'une jambe droite, qu'ils frappèrent à coups de lance, comme on le leur avait conseillé. Après un moment, l'être dont c'était la jambe se mit à bouger. Je me demande bien où était le reste de son corps. On l'entendit dire : « Aïe ! Aïe ! Aïe ! Aïe ! Je vais libérer le passage, sans quoi l'enfant n'arrêtera pas de pleurer. » Je me demande encore comment cette personne avait pu apprendre que l'enfant pleurait. Ils étaient donc rendus à Uepatautshihikat, sous lequel il leur fallait maintenant passer. Ils commencèrent par enduire de graisse Renard blanc, pour qu'il creuse un tunnel. « En passant dans ce dernier, chacun devra l'élargir », leur avait-on dit. Ce qu'ils ne manquèrent pas de faire. De sorte qu'après y avoir tous passé, le tunnel était devenu beaucoup plus large. Ils poursuivirent ensuite leur route.

« Nous approchons maintenant de l'été », se disaient-ils les uns aux autres. Ils finirent par y arriver. « À quel endroit devrions-nous attendre le moment propice ? », demanda l'un d'eux. Après discussion, ils conclurent que l'important était d'être sous le vent. Comme le vent tourne souvent en soirée, ils s'installèrent dos au vent. La nuit venue, Rat musqué commença à nager silencieusement au fil de

l'eau ; il faisait le guet au profit des gens de l'été. On les avait
d'ailleurs prévenus de la chose[10]. « À ce moment-là, leur avait-on dit,
il faudra cesser de parler pour éviter d'attirer son attention. » Mais,
ce soir-là, le vent ne fit pas que tourner ; il tomba[11]. Soudain, ils aperçurent Rat musqué qui contournait en nageant une pointe de terre.
On les avait prévenus que la moindre parole risquait de trahir leur
présence. Ils pouvaient d'ailleurs très bien le voir prêter l'oreille tout
en nageant lentement. Ce qui n'empêcha pas l'un d'eux d'échapper
imprudemment les mots : « Le maudit Rat musqué contourne la
pointe là-bas. » Aussitôt la sentinelle s'écria : « Tiens ! Voilà des gens.
Je les ai bel et bien entendus. Allons prévenir les autres. » Quelqu'un
dit à celui qui avait parlé : « Pourquoi as-tu fait ça ? » Rat musqué
l'entendit aussi et réagit en disant : « Ah ! Ah ! J'avais donc raison ! Je
vais avertir les miens qu'il y a des gens. » Alors, tentant le tout pour
le tout, ils s'adressèrent ouvertement à lui en disant : « Rat musqué,
si tu ne dis rien, nous te donnerons de la graisse pour manger ; il y a
un enfant qui ne cesse de pleurer. — Je ne m'étais donc pas trompé.
Des gens sont bel et bien cachés là. Je vais rapidement faire rapport. »
Les autres insistèrent : « Approche, viens manger la graisse que nous
t'offrons. » Et joignant le geste à la parole, ils lancèrent des petits morceaux de graisse sur l'eau. Rat musqué plongea, refit surface sous chacun d'eux et les mangea. « Ne te lèche pas les pattes ainsi, sans quoi
tes griffes deviendront toutes blanches, dirent-ils. — Ah bon ! Alors,
tant pis, c'est déjà fait. Bah ! Je leur dirai que c'est à cause de certaines
algues que j'ai trouvées là où la rivière s'élargit. Je leur raconterai
qu'elles étaient bien grasses et que c'était la première fois que j'allais
là-bas. — Très bien ! dirent-ils. Mais pas un mot à notre sujet. Si
nous réussissons, l'hiver ne sera plus ce qu'il est. — Entendu, dit Rat
musqué. — Bon ! Alors, parle-nous d'eux, maintenant. Le soir venu,
que font-ils ? — Ils dansent et le lendemain, forcément, ils se
réveillent tard. Ce sont alors deux vieilles qui se chargent de faire le
guet. — Parfait. Et où gardent-ils les étés ? — Dans un sac placé au
fond de la tente. — Parfait. Alors, à l'aube, tu emporteras un tronc
d'arbre sur la rivière. Veille bien à ce que les branches ne soient pas
toutes sous l'eau, afin que les vieilles croient apercevoir un panache

d'orignal. Tu nageras ainsi au fil de l'eau jusqu'à l'endroit où leurs canots sont montés sur le rivage. Tu perforeras ces canots. Ensuite, tu rongeras presque complètement les avirons. — Compris. Je ferai tout ce que vous m'avez demandé », promit Rat musqué.

Durant la soirée, comme ce dernier l'avait dit, on dansa chez les gens d'été. Lors des pauses, les danseurs en profitaient pour vérifier l'intérieur des parois de la tente en s'éclairant d'une torche. C'est parce qu'ils vivaient constamment dans la crainte qu'on les épiait de l'extérieur. Effectivement, les gens d'hiver avaient décidé d'envoyer un des leurs en éclaireur. Cette mission avait été confiée à Hibou des marais, dont le vol est silencieux. Il était justement en train de les observer à travers un trou dans la paroi de la tente lorsque, de l'intérieur, on découvrit quelque chose qui traversait cette paroi. « Brûle donc ça ! », dirent-ils à celui qui tenait la torche. C'était le bec de Hibou des marais. La chaleur le fit blanchir. Pendant que les gens couraient à l'extérieur pour attraper celui qu'ils venaient de prendre en flagrant délit d'espionnage, Hibou des marais remplaça son bec par une petite branche et s'envola. « Ah ! Ce n'était donc qu'une branche », conclurent-ils.

À l'aube, pendant que les fêtards faisaient la grasse matinée, les assaillants surveillaient la suite des événements. Tel qu'on le lui avait demandé, Rat musqué fit des trous au fond des canots et sectionna les avirons. Et dès que le soleil s'éleva au-dessus de l'horizon, il traversa à la nage en poussant un tronc d'arbre. La première fois, personne ne le vit. Quand il repassa, les deux vieilles l'aperçurent et s'écrièrent : « Votre grand-père[12] traverse à la nage ! » Réveillés par ces cris, les gens accoururent au rivage et sautèrent dans leurs canots. Plusieurs coulèrent. D'autres se retrouvèrent sans aviron. Seuls Poisson blanc et Carpe noire avaient été laissés au campement. Les assaillants se saisirent d'eux et leur obstruèrent la bouche avec de la résine pour les empêcher d'alerter les autres. Ils prirent ensuite le sac contenant les oiseaux d'été. Après l'avoir confié aux plus rapides d'entre eux, soit Caribou et Pékan, ils s'enfuirent dans la direction d'où ils étaient venus.

Poisson blanc et Carpe noire utilisèrent un bâton à rôtir pour perforer la résine et pouvoir crier : « Ils vous ont volé l'été ! » À ces mots, les autres s'élancèrent à la poursuite des voleurs et rejoignirent assez rapidement Huard. « En voilà un, dirent-ils. Marchez-lui sur l'arrière-train ! » C'est pourquoi les huards ont comme les hanches écrasées. Continuant leur poursuite, ils en rejoignirent un second. « C'est Loutre ! Marchons-lui dessus lui aussi », se dirent-ils. Et ils lui passèrent non seulement sur le corps, mais également sur la tête. Voyant cela, Pékan dit à ses collègues : « Prenez de l'avance. Moi, je vais les retenir. » Il grimpa dans une épinette blanche. En l'apercevant, les poursuivants se réjouirent : « Nous en avons rejoint un troisième, et non des moindres ; il passe pour le plus rapide de tous ! Il est là dans l'arbre. Mais où est donc passé notre meilleur archer, Poisson blanc ? » Ce dernier était encore loin derrière. Il fallut l'attendre. Et lorsqu'il arriva, les autres le pressèrent d'abattre Pékan. « Je ne le tuerai pas, je me contenterai de lui viser la queue », dit Poisson blanc. Sa flèche atteignit effectivement l'extrémité de la queue de Pékan. En se disant qu'il n'avait pas à s'en faire pour si peu, ce dernier descendit de l'arbre en contournant le tronc. Et comme il s'apprêtait à toucher le sol, quelqu'un proposa de le laisser en paix. « Non. Il faut le frapper, reprirent les autres. Encerclons l'arbre pour l'empêcher de s'échapper. » Ils entourèrent l'arbre avant qu'il n'atteigne le sol. Mais il fit un bond et disparut en un éclair.

Ils continuèrent ensuite à poursuivre les fuyards, qui avaient profité de la stratégie de Pékan pour prendre une bonne avance. Arrivés de l'autre côté de la montagne, ils les entendirent au loin qui s'éloignaient et comprirent qu'ils ne les rattraperaient jamais. « Essayons plutôt de nous entendre avec eux », se dirent-ils. Faisant alors appel à tout ce qu'ils avaient de souffle, ils crièrent : « Et si l'hiver et l'été changeaient tour à tour de place[13] ! » Les fuyards acceptèrent la proposition, ouvrirent le sac et libérèrent les oiseaux d'été. La neige se mit aussitôt à fondre sous l'effet des rayons du soleil. Déjà, les oiseaux étaient partout. Alors, l'enfant se fabriqua un arc et des flèches, puis commença à s'adonner à ses petites chasses.

Quant à ceux qui avaient accepté l'alternance des saisons, il leur restait à régler une importante question : combien devrait-il y avoir de lunes par hiver ? Interrogé à ce sujet, Caribou proposa ce qui suit :

« *Autant qu'il y a de poils entre mes doigts de pied.* » *On fit valoir que l'accumulation de neige au cours d'hivers si longs l'empêcherait d'atteindre sa nourriture au sol*[14]. *On se tourna ensuite vers Castor, dont la proposition fut la suivante :* « *Autant qu'il y a de rainures sur ma queue. — Réfléchis un peu, lui dit-on. Avec des hivers aussi longs, tes tunnels finiraient par s'englacer.* » *Enfin, on demanda l'avis de Geai gris, qui répondit :* « *Autant que j'ai de poils sur mon corps. — Les petites branches sèches que tu manges ne résisteraient pas aux rafales de vent d'hivers aussi longs. Tu finirais par manquer de nourriture, lui dit-on. — Vous avez bien raison* », *dit Geai gris. À ce moment précis de la discussion, Pic maculé sentit le besoin de s'étirer les pattes. Ce qui lui permit de constater qu'il avait six doigts de pied ! Alors, sans même attendre qu'on lui demande son avis, il déclara :* « *Selon moi, il devrait y en avoir six.* » *Et c'est effectivement le nombre de lunes que comptent nos hivers*[15]. *Ils s'étaient donc inspirés des pattes du pic.*

Puis, ils repassèrent chez les deux vieilles rencontrées à l'aller. L'une d'elles demanda à sa copine de lui apporter un peu de neige pour la faire fondre sur le feu[16]. *Elle sortit et commença à chercher la neige à tâtons. Ses yeux n'étaient plus très bons. Elle revint alors en disant :* « *Ma bonne amie, il n'y en a plus. Nos petits-fils ont dû réussir leur coup !* » *Cette nouvelle les rendit si heureuses qu'elles se mirent à chanter ce qui suit :* « *L'été, l'été, l'été, ils l'ont emporté, ils l'ont emporté !* » *Les visiteurs sentirent alors qu'ils devaient être plus précis au sujet du résultat de leur expédition :* « *Ce qui a été établi, c'est que l'été et l'hiver alterneraient.* » *À ces mots, les deux vielles femmes s'étendirent et moururent.*

Quant à l'enfant, il attachait ensemble les oiseaux qu'il avait déjà tués. Il en avait tellement que ceux qui lui avaient échappé finirent par se dire : « *Plusieurs d'entre nous sont morts. Nous devrions lui offrir de se joindre à nous. Chacun pourrait lui donner quelques poils et quelques plumes.* » *Les oiseaux allèrent le trouver et lui dirent :* « *Pourquoi ne pas devenir l'un des nôtres ? Tu as déjà tué plusieurs d'entre nous. Chacun est prêt à te donner de ses poils. — J'accepte votre offre* », *répondit l'enfant.*

Depuis lors, il manque à l'appel. Avant de prendre son envol, il avait déposé son arc et ses flèches. C'est lui qu'on appelle kâuituâssakuanishkueishit[17]. *Les rayures qu'il a sur le front lui font comme un chapeau. On dit que c'est l'enfant de cette histoire. Il se joignit donc aux oiseaux. Les gens le cherchèrent, mais ne trouvèrent que son arc, ses flèches et ses oiseaux morts attachés ensemble à la façon dont nous le faisons maintenant, quand nous revenons de la chasse aux gibiers d'eau. Voilà donc comment les oiseaux en arrivèrent à l'inviter à se joindre à eux. Il était devenu l'un d'entre eux.*

COMMENTAIRE DU DEUXIÈME RÉCIT

Le fait d'avoir à tuer quotidiennement pour survivre n'est pas la moindre des contradictions. C'est peut-être ce qui explique partiellement que, à la période classique de leur histoire, les chasseurs algonquiens se soient représenté leur destin sous l'angle de la menace d'être dévorés par des anthropophages, ou encore d'être avalés par des charognards après avoir succombé à la famine. Dans les deux cas, l'absence de rituel funéraire court-circuiterait le cycle de réincarnation évoqué par le récit précédent. Ce dernier, tout en instaurant une telle liturgie funéraire, explorait la genèse des paramètres les plus généraux de la dynamique fondamentale entre les humains et les autres formes de vie animale : d'abord le passage du statut de gibier traqué par une faune anthropophage à celui de chasseur d'animaux généralement non carnassiers ; ensuite, la limite au-delà de laquelle l'activité prédatrice doit s'arrêter. La même thématique est reprise ici, mais à la manière d'un gros plan montrant le détail des relations quotidiennes entre chasseurs humains et autres formes de vie présentes dans l'environnement des premiers, et ce, sous l'angle de l'alternance de la vie et de la mort des uns et des autres.

Trop, c'est comme pas assez

Pour ces chasseurs, la faune au sens large peut se répartir en deux grandes catégories d'espèces : celles qui doivent accepter, à certaines conditions, de leur servir de nourriture et celles à l'alimentation desquelles ils doivent, également à certaines conditions, accepter de contribuer. Si un tel partage s'instaure dans l'expérience la plus concrète, comme on le voit dans ce récit, il en arrive à se dilater au point d'inclure des entités imaginaires représentant les formes les plus radicales de chacune de ces deux catégories. C'est ainsi qu'on retrouve dans la première non seulement le gibier auquel le chasseur s'intéresse, mais aussi le personnage de Mistapeu, qui lui fournit précisément ce gibier (porc-épic, castor, caribou, etc.). Dans la seconde, en plus d'une grande variété d'espèces représentant des formes mineures de la grande faune anthropophage jadis refoulée par Tshakapesh aux marges du réel (poux, moustiques, etc.), on trouve le dangereux Atshen dans un rôle exactement inverse de celui de Mistapeu : dévorer les humains. Comme on le verra, ces deux entités occupent toujours deux régions du cosmos opposées : l'empyrée chaud et lumineux, pour le dispensateur de gibier, et les profondeurs froides et obscures de la terre, pour l'anthropophage. Mais il leur arrive à l'occasion, comme dans le présent récit, de s'immiscer à la surface de la terre où se déroule le destin commun des hommes et des animaux.

La famille dont il est question ici semble tout ignorer des relations qu'elle doit entretenir avec ces deux catégories d'espèces animales. Les parents ne trouvèrent en effet rien de mieux que de sacrifier leur fils à la vermine envahissante, non seulement pour tenter d'y échapper eux-mêmes, mais également pour arriver plus vite au festin de caribou. En agissant ainsi, ils compromettent à la fois l'avenir de cet enfant unique et celui du groupe auquel ils appartiennent et dont ils dépendent. Mistapeu les juge sévèrement, en les qualifiant de véritables Atshens, ces mangeurs d'humains. Privé de nourriture, l'enfant risquait effectivement d'être tôt ou tard dévoré par ses parasites, desquels il leur aurait été pourtant relativement facile de le soustraire. Prêchant par l'exemple, Mistapeu procède à l'épouillage du jeune garçon, en même temps qu'il prend bien soin d'épargner une famille de poux, justifiant ainsi l'importance de l'institution familiale tout autant que la présence de cette espèce dans l'environnement des humains. Une espèce dont les Innus ont su tirer profit, notamment pour guérir le mal des neiges affectant parfois les yeux au début du printemps : on mettait un ou deux poux sous les paupières pour absorber le sang qui s'y était accumulé (Mailhot, communication personnelle). Trop d'épouillage serait donc tout aussi nuisible que pas assez. La leçon se poursuivra lors de la chasse au porc-épic, à laquelle le grand-père s'adonnera au cours du voyage entrepris pour réinsérer l'enfant au sein de sa famille. S'il faut se débarrasser des poux tout en évitant de les éliminer complètement, il convient également de savoir demeurer sur sa faim plutôt que de compromettre les chasses futures. Comme, par exemple, s'abstenir de tuer un porc-épic avant qu'il ait pu se reproduire. Ce qui transparaît de cet enseignement de Mistapeu, c'est la nécessité de maintenir ensemble les divers éléments de la chaîne des espèces dans laquelle s'inscrit la nôtre. C'est là qu'apparaît la dimension diachronique, qui manquait encore au mode de production domestique mis en place par Tshakapesh. Le récit de Tshakapesh se limitait à instituer le mariage et à ritualiser la mort des humains et du gibier, pour permettre le renouvellement des disparus (suspension aux arbres). Pour sa part, Mistapeu inaugurait la reproduction du personnel et des ressources indispensables au bon fonctionnement de l'unité de production domestique instaurée par Tshakapesh. Selon la variante 6, dès qu'il eut rejoint l'enfant abandonné et transi, Mistapeu s'empressa de lui faire revêtir le vêtement primitif (absence de couture) fait de la peau entière d'un caribou, que sa mère lui avait laissé en partant. La partie qui recouvrait le crâne du cervidé lui tenait maintenant lieu de chapeau. Ce faisant, cette mère avait plus ou moins assimilé son fils au gibier dont le couple semblait si pressé d'aller se rassasier.

Lorsqu'ils aperçurent Mistapeu pour la première fois, les parents eurent le même réflexe que leur fils : ils le confondirent avec Atshen. À leur décharge, on doit dire que rien ne ressemble plus à un *atshen* qu'un *mistapeu* : mêmes dimensions gigantesques et même toison. Mais la similitude s'arrête là, car si le premier considère les humains comme sa nourriture, le second se définit à l'inverse comme leur pourvoyeur de gibier. Mistapeu s'identifie à cette fonction de pourvoyeur de nourriture à un point tel qu'il en vient à s'abstraire radicalement du processus alimentaire, dont il a pour fonction de garantir la perpétuité au profit des humains. C'est là le sens de son étonnante diète. Soucieux de ne rien prélever du gibier ainsi entièrement mis à la disposition des gens, il se contente des parties de celui-ci que les humains encore à venir jugeront non comestibles (comme les poumons). Si l'enfant semble avoir rapidement pris acte de la vraie nature de ce grand-père, il en va autrement de ses parents. C'est ainsi que la femme, quand tous les mâles étaient partis chasser le caribou, commença à s'irriter de voir ce bonhomme toujours assis dans la tente. Le fait que cette femme imagine un seul instant qu'il puisse courir après la nourriture, en manger et ensuite en évacuer les déchets démontrait bien qu'elle n'avait rien compris. D'où le départ de Mistapeu, dont le « royaume n'est pas de ce monde ». Plusieurs versions laissent entendre qu'il partit à contrecœur, car il y avait de part et d'autre beaucoup de tendresse dans sa relation avec ce petit. C'est pourquoi, avant de partir, Mistapeu prévint la femme qu'ils auraient fort à faire pour consoler l'enfant de son départ. Ce dernier exigea en effet rien de moins que l'été. Ce qui, comme on le verra bientôt, le remettrait en contact avec son grand-père Mistapeu. En se transformant finalement en oiseau migrateur, il deviendra le seul de son groupe à gagner le gros lot, soit l'été perpétuel. Les autres durent se contenter de l'alternance saisonnière, un succès relatif dont ils ont un moment tenté de tirer le maximum, jusqu'à ce qu'ils comprennent que de très longs étés seraient suivis d'hivers de même durée, dont ils ne sortiraient pas vivants. Trop d'été donne donc le même résultat que pas du tout.

La quête de l'été

C'est à ce point de son récit que, pour la première fois, le conteur précise la nature composite des personnages du groupe au sein duquel vivait cet enfant. Il s'agit d'êtres prédisposés à devenir plus tard autant de représentants de telle ou telle espèce animale, y compris la nôtre (castor, loutre, carpe, poisson blanc, bruant, rat musqué, huard, etc.). Mais, lors des événements rapportés, tous paraissent communiquer entre eux aussi facilement que s'ils partageaient une langue commune. Un homme d'Unaman-shipit m'a expliqué que le savoir relatif aux habitudes de vie du gibier leur venait justement de cette proximité entre leurs lointains ancêtres et ceux des animaux. L'expédition menée en vue de rapporter les petits oiseaux de l'été aurait suivi une trajectoire nord-sud. À ce sujet, Charles-Dominique Menicapau, d'Ekuanitshit, était explicite : « Autrefois, il y avait deux pays : dans l'un, c'était toujours l'hiver, et dans l'autre, toujours l'été » (variante 1). Ce conteur était âgé de 90 ans lorsqu'il dit cela à Marie-Jeanne Basile, vers la fin des années 1960. Quelques années après sa performance de 1970, François Bellefleur m'apporta les précisions suivantes :

— ces événements se seraient déroulés à l'époque où les Innus vivaient sur la terre ferme ;

— ces derniers se retrouvent depuis sur une presqu'île reliée à leur ancien habitat par une étroite bande de terre ;

— un chien se tient aujourd'hui près de celle-ci, pour dévorer les *atshen* et autres anthropophages qui voudraient venir manger les humains ;

— la région ensoleillée où les gens allèrent chercher l'été était située au sud de la leur ;

— entre ces deux régions coulait du sud au nord la rivière du castor géant.

C'est ainsi que, entre le point de départ de l'expédition et l'endroit où les gens s'emparèrent des oiseaux d'été, se déploie une géographie fantastique *(figure 7)* évoquant le motif symétriquement dédoublé de l'art décoratif algonquien (Speck, 1915b). Les

deux couples de vieilles femmes (1 et 2) se transformeront finalement en ce que celles-ci étaient respectivement prédisposées à
devenir : celles du sud en des poissons entrant dans l'alimentation
des mortels[18], celles du nord en des êtres humains dont le destin
sera de mourir de vieillesse et non de faim. Immédiatement de
part et d'autre de l'*uepatautshihikat* (5) se trouvent ceux qui
deviendront des mammifères semi-aquatiques : tels qu'on les
reconnaît aujourd'hui, le castor sans graisse sur le dos[19] et le rat
musqué aux griffes blanchâtres (3 et 4). Notons aussi que le trajet
de l'hiver à l'été semble prendre la forme d'une ascension le long
d'une rivière gelée ou sur elle, jusqu'à ce lieu fantastique où les
voyageurs durent se frayer un passage sous des montagnes pour
accéder au monde de l'été perpétuel. Au retour, cependant, point
de tunnel ; mais encore des montagnes qu'il fallut cette fois déva-
ler pour échapper à ceux qui venaient de se faire dérober l'été. Une
sorte de redescente au début de laquelle, selon certaines variantes,
Pékan devint la constellation de la Grande Ourse. L'aller-retour au
pays de l'été perpétuel (entre les points 1 et 2 de la *figure 7*) semble
donc prendre la forme d'un déplacement plus ou moins vertical
le long d'un axe inhérent à la cosmologie algonquienne, sur
laquelle nous reviendrons.

Attardons-nous un instant sur le destin de Pékan, à propos
duquel François Bellefleur a manifesté la même retenue ; Pékan
aurait tout simplement disparu dans un éclair. D'autres conteurs

Figure 7. Géographie fantastique.

paraissent plus explicites. Comme Charles-Dominique Menicapu, entendu à Mingan vers la fin des années 1960, qui le faisait rejoindre ses collègues maintenant en possession de l'été (variante 8), contrairement à Joseph Rich, rencontré par Strong en 1927-1928 dans la région de Sheshatshit, qui disait de lui : « Lorsque le pékan grimpa dans l'arbre, les gens se demandèrent qui parmi eux allait décocher une flèche pour le faire descendre. Ils s'entendirent sur Poisson blanc, qui dit "Nous lui tirerons dans la queue." Il fit cela, mais le pékan partit vers le ciel et devint la constellation de la Grande Ourse » (variante 4). Une version recueillie par Speck à Mistassini, en 1925, confirme la transformation de Pékan en constellation de la Grande Ourse (variante 10). Il en va de même de la variante ojibwas au lac Timagami, dans le Nord-Ouest ontarien, rapportée par le même auteur (variante 11). De l'autre côté de la frontière entre le Québec et l'Ontario, chez les Algonquins du lac Témiscamingue, Speck avait fait l'observation suivante : « La constellation de la Grande Ourse *(Ursa Major)* est appelée *wǝdji'g* (pékan) ou "chat noir" *(Mustela pennanti)*. Les quatre étoiles principales forment le corps de l'animal, et celles dans leur sillage, la queue. L'arc représente la partie courbe de la queue de l'animal » (Speck, 1915, p. 22-23). On peut cependant douter que François Bellefleur ait dans ce cas choisi de s'abstenir d'évoquer le destin céleste de Pékan. En effet, selon Speck, la constellation de la Grande Ourse « est connue par toutes les tribus sous le nom *wǝtcǝ'kǝtǝk,* soit l'"étoile du pékan" » (Speck, 1935, p. 62). Les dictionnaires innu-français contemporains traduisent simplement *utshekat* par « étoile » (Drapeau, 1991 ; Mailhot et Lescop, 1977). Selon le vieux dictionnaire français-montagnais de Lemoine (qui est en fait un dictionnaire français-algonquin du Nord-Ouest québécois), « pékan » et « constellation de la Grande Ourse » se disent respectivement *odjik* et *odjikanang* (Lemoine, 1911[20]). La même stratégie linguistique a été observée chez les Cris, les Ojibwas et vraisemblablement les Menominis du Michigan. Il semble donc que, selon l'imaginaire algonquien, le pékan ait donné son nom à la constellation de la Grande Ourse (Hewson,

1993, n°s 3645-3646). Si bien qu'en prononçant le nom même de Pékan, le conteur pouvait raisonnablement croire que tout auditeur le moindrement compétent (et tant pis s'il ne l'était pas) comprendrait qu'il s'agit de la constellation. D'autant plus que la dernière fois qu'on mentionne Pékan dans ce récit, il exécute un bond à partir de l'épinette blanche dans laquelle il s'était réfugié, un peu comme Tshakapesh au terme de sa carrière terrestre et précisément, lui aussi, à l'aube de son destin de luminaire céleste.

Après la conclusion de l'entente sur l'alternance de l'hiver et de l'été, les oiseaux libérés se répandirent dans le pays de l'enfant, qui se mit à les chasser. Les nouveaux détenteurs de l'été durent s'entendre sur sa durée. Les propositions de Caribou, de Geai du Canada et de Castor indiquent que la tendance lourde favorisait le très long terme. La chose est fort compréhensible, puisque d'autres qu'eux avaient jusque-là détenu en permanence le monopole de l'été. Mais un problème se posait : venant après de tels étés, les hivers ne seraient-ils pas beaucoup trop longs ? La survie ne risquerait-elle pas de devenir aussi aléatoire qu'avant la venue des oiseaux ? La leçon de Mistapeu avait donc porté : de la même façon que l'excès de parasites ou de nourriture conduirait au même résultat néfaste que l'insuffisance de chacun de ces éléments, de très longs étés aboutiraient au même désastre que l'absence même d'été. Avant de rentrer chez eux, les gens s'arrêtèrent pour saluer les deux femmes rencontrées à l'aller. Elles étaient devenues si vieilles qu'elles ne s'étaient pas rendu compte de l'arrivée du printemps. S'apercevant soudain qu'il n'y avait plus de neige et croyant un moment que le monopole de l'été venait enfin de changer de mains en leur faveur, elles entonnèrent un hymne à la joie. Mais dès qu'on leur eut expliqué que désormais rien ne pourrait disparaître définitivement, en raison du rituel funéraire qu'on leur réserverait, leurs survivants ont semblé faire comme si les deux avaient accepté leur disparition.

Au terme du récit, ce sera au tour de l'enfant de s'adonner à une chasse excessive, celle-ci risquant rien de moins que l'extermination des oiseaux qu'il avait tant souhaité chasser. Il se trouve alors dans une position identique à celle de Tshakapesh au moment où ce dernier avait failli « tuer » le monde. Dans les deux cas, on est en présence d'un excès de prédation, heureusement enrayé avant qu'il ne soit trop tard. Comme Tshakapesh avait libéré sa proie, l'enfant dépose arc, flèches et prises au pied d'un arbre sur une branche duquel il monte aussitôt se percher. Dans l'un et l'autre cas, le rapport chasseur-chassé semble un moment s'inverser au profit de la proie libérée : la source de lumière, dans le récit de Tshakapesh, les petits oiseaux d'été, dans le présent récit. Ce qui, nous le verrons bientôt, est rigoureusement la même chose. Comme l'astre libéré avait accueilli le héros Tshakapesh qui l'avait d'abord pris pour du gibier, les oiseaux vont incorporer celui qui s'apprêtait aussi à les transformer en nourriture. On retrouve ici le phénomène observé dès les années 1950 par Lévi-Strauss dont il a été question en introduction. Ces deux personnages légendaires ont d'autres points en commun. Au terme de sa vie terrestre, l'un s'identifiant à la lumière et l'autre à l'été, chacun a échappé au caractère cyclique du phénomène dont il est devenu le symbole immortel. Au terme de leur existence terrestre, ces héros se retrouvent l'un comme l'autre au sommet d'un arbre et en route vers le monde d'en haut. On aura noté l'évocation du passe-montagne reproduisant le pelage sur le crâne des bruants, dont les mères recouvrent la tête de leurs jeunes fils au printemps pour leur éviter de devenir la proie des moustiques. Nous avons là l'inversion rigoureusement parfaite de l'image sur laquelle s'était ouvert le récit, soit celle d'un garçonnet que ses parents venaient d'abandonner aux parasites dont il était infesté.

L'*uepatautshihikat* et le rituel de la tente agitée

Pour en savoir un peu plus sur la nature de ce mystérieux *uepatautshishikat*, il faut se tourner vers une dimension importante du récit, sur laquelle François Bellefleur avait été tout aussi allusif. D'autres conteurs considèrent ce récit comme un énoncé relatif à l'origine d'un important rituel de voyance nommé *kusha-patshikan* en langue innue (littéralement « ce qui sert à voir loin »). Les auteurs ont pris l'habitude de désigner ce rituel par l'expression « tente tremblante », de l'anglais *shaking tent*, en raison des mouvements de la tente durant la performance, plus précisément quand y pénètrent les personnages autres qu'humains qui sont convoqués par l'officiant. Cette traduction ne me paraît cependant pas très heureuse. En écoutant les gens me décrire cette performance et surtout en observant la même gestuelle qui accompagne leurs explications, j'ai toujours eu le sentiment qu'ils évoquaient autre chose qu'un tremblement. Il s'agirait plutôt d'une série de secousses violentes, amenant cette structure à pencher fortement de tous les côtés. À cet égard, l'anthropologue américain W. J. Hoffman, dans une monographie portant sur l'imaginaire ojibwas, a écrit : « Dès que le prophète est installé en position assise dans sa loge, la structure de celle-ci commence à être secouée violemment de part et d'autre […] » (Hoffman, 1891, p. 158). Ce qui, selon l'auteur, signalait l'arrivée des êtres vivants autres qu'humains. C'est pourquoi j'ai toujours préféré l'expression « tente agitée », proposée par le botaniste Jacques Rousseau et son épouse dans une communication présentée au XXVIIIᵉ Congrès international des américanistes, à Paris (Rousseau et Rousseau, 1948).

François Bellefleur n'est cependant pas le seul à avoir apparemment omis ce qui n'a rien d'un détail secondaire : les variantes 2, 3 et 8 ne font également aucune mention du rituel. D'autres sont plus explicites sur ce point. C'est le cas de la variante 7, selon laquelle Mistapeu fit une promesse à l'enfant avant de le renvoyer chez ses parents : « Tu pourras me voir à nouveau, lui dit-il. Il te suffira de construire une tente ayant cette forme-ci » (le conteur illustre son propos à l'aide d'un geste). Il lui expliqua ensuite exactement la façon de construire cette tente : « C'est ainsi que tu devras faire. Dès que la tente sera érigée, je la verrai et j'irai aussitôt te chercher. Et si tu veux me revoir encore, tu referas la même chose et je reviendrai encore te rencontrer. Tu pourras toujours me parler. » De retour chez lui, l'enfant fit effectivement usage de cette technique rituelle pour entrer en contact avec Mistapeu. Mais cela n'aurait pas apaisé son chagrin, d'où la quête des oiseaux d'été et l'incorporation finale de cet enfant au groupe de volatiles. Les variantes 4, 5 et 6 rapportent en substance la même chose.

Ce rituel est un classique de l'ethnographie consacrée aux peuples de langues algonquiennes ; il en est question dans un grand nombre de publications depuis la fin du XIX\ :sup:`e` siècle[21]. J'avais annoncé que l'*uepatautshihikat*, ce pivot de la géographie fantastique évoquée précédemment, s'expliquait par la cosmologie au centre de laquelle s'instaure la performance rituelle en question. On savait depuis un bon moment que la tente rituelle de forme cylindrique était ouverte au sommet, que l'officiant y convoquait tout un aréopage d'entités, parfois qualifiées d'« esprits » ou encore de « manitous » par les commentateurs, et que l'arrivée en masse de ces « manitous » provoquait de violentes secousses. Or, au début des années 1970, Sylvie Vincent entreprit d'interroger à ce sujet des Innus de Nutashkuan. Voici ce qu'elle apprit.

Dès que l'officiant pénètre dans la tente en soulevant la toile du côté du soleil levant, « il voit infiniment loin vers le haut et infiniment loin vers le bas. Tout se passe comme si un puits dont il ne peut distinguer le fond se creusait de chaque côté de lui et se prolongeait vers le haut en une cheminée dont l'extrémité est également impossible à distinguer. Cette colonne de vide a quelque chose d'impressionnant et il n'est pas donné à tout le monde de pouvoir en supporter la vue » (Vincent, 1973, p. 72). Le *kakushapatak* (c'est ainsi qu'on désigne l'officiant) se prosterne aussitôt et entonne un chant tout en pivotant dans le sens des aiguilles d'une montre, soit « en direction du milieu du jour *(a.pita.wci.hika.t)* » (*ibid.*, p. 72-73) ; c'est à ce moment précis que Mistapeu se présente à lui et s'enquiert des raisons pour lesquelles on l'a convoqué. Vincent précise que, dès l'entrée de l'officiant dans la tente, « le monde s'ordonne autour de lui en fonction de la course du soleil. Les directions qui jalonnent le tour que l'officiant fait sur

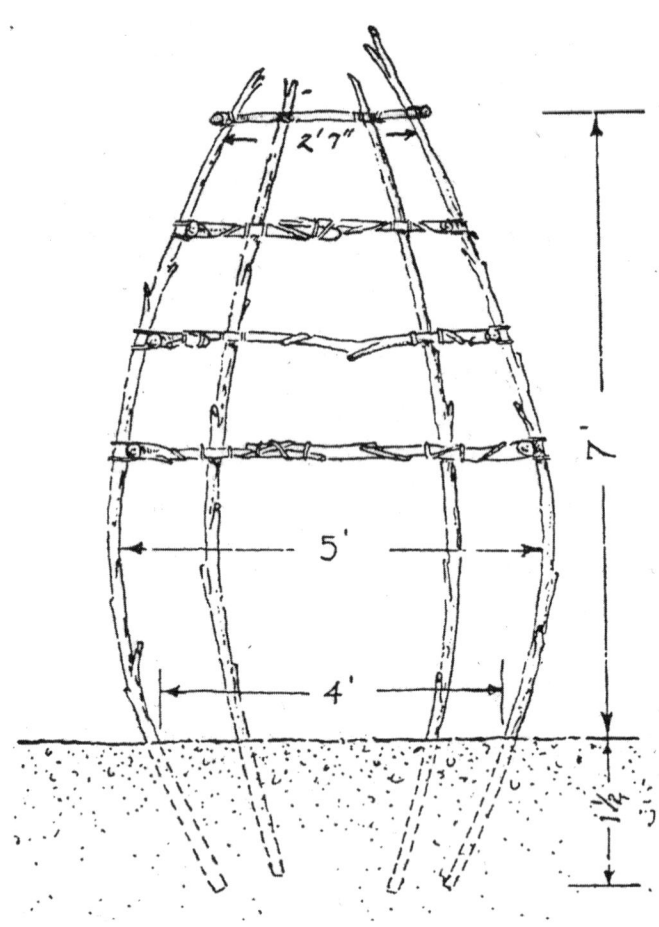

Figure 8. Structure de la tente rituelle algonquienne (tiré de *The Role of Conjuring in Saulteux Society,* d'Irving Hallowell, University of Pennsylvania Press, 1971, p. 38. © University of Pennsylvania Press 1971. Reproduit avec la permission de la University of Pennsylvania Press).

lui-même sont : le soleil levant, le milieu du jour, le soleil couchant et la nuit. Ces directions marquent le plan HORIZONTAL » (*ibid.,* p. 72-73). Mais, comme le fait remarquer l'auteur, c'est la dimension verticale qui domine ce rituel de voyance. « Dans la tente tremblante, écrit-elle, l'officiant occupe sur cet axe la position médiane, les êtres mythiques perçus en haut sont favorables et ce qui est perçu en bas est terrifiant » (*ibid.,* p. 75).

Nous avons vu que, selon les explications fournies par François Bellefleur, l'expédition visant à rapporter l'été s'était déployée du nord vers le sud et du bas vers le haut de la rivière du Castor géant. Ce qui va dans le sens de l'intuition de Sylvie Vincent, selon laquelle cette cosmologie aurait tendance à faire coïncider d'une part le *bas* et le *nord*, d'autre part le *haut* et le *sud (figure 9)*. Ses informateurs lui avaient effectivement dit que Mistapeu apparaissait à l'officiant quand ce dernier, dans son mouvement de rotation d'est en ouest, en arrivait à faire face au point le plus élevé de la course diurne du soleil, que ces gens nommaient *a.pita.wci.hika.t* (soit *apitautshihikat*). Pour la forme verbale de ce terme, soit *apita-tshshikau*, le dictionnaire Drapeau (1991) donne la traduction suivante : « Il est midi. » On notera que, pour désigner le moment de la journée où Mistapeu apparut à l'enfant abandonné, le conteur Pierre Peters, de Saint-Augustin, employait (variante 7) un autre terme, transcrit de la façon suivante : *etakuatshishikau*, que les traductrices rendirent soit par « tard le matin », soit par « quand le soleil fut au milieu de sa course » (Savard, 1985, p. 219-229 et 1977a, p. 44-47[22]). Or, dans le schéma tridimensionnel préparé par Vincent *(figure 9)*, le point *bas-nord-minuit* se situe à l'opposé du point *haut-sud-midi*. Ce qui, en passant, explique que le rituel doive se dérouler en pleine nuit ; nous verrons aussi qu'il a lieu le plus souvent lorsqu'on est menacé de famine, c'est-à-dire dans une situation précaire où le danger est grand d'être tiré vers le bas par les entités froides et obscures du monde chtonien. S'il est un moment où il importe de dresser la tente rituelle pour syntoniser *uepatautshihikat*, le point chaud et lumineux situé au zénith de l'univers, c'est bien celui-là. Peu après son arrivée en Nouvelle-France, le jésuite Paul Le Jeune s'était intéressé à ce rituel. On le lui présenta comme une façon d'inviter les *khitchikouai*[23], que le missionnaire traduisit alors par « génies du jour », à descendre dans la tente (Le Jeune 1972a [1634], p. 15, et [1637], p. 46-47 et 51). Nous voici donc en présence d'éléments de cosmologie nous renvoyant à nos propres racines imaginaires, comme *dei* — briller — entrant dans la composition des termes indo-européens *deiwo* et *dyeu*, lesquels ont donné les mots latins, grecs, italiens et français suivants : Zeus, Jupiter, dieu, diurne, jour, *day, giorno,* noms désignant les jours de la semaine, etc. À moins de s'accrocher aux paradigmes évolutionnistes des sciences humaines du XIXe siècle, il faudra un jour recommencer à s'interroger à ce sujet. Au terme du présent ouvrage, nous poserons quelques jalons en ce sens.

Avant de clore ce développement sur l'*apitautshihikat*, rappelons les rares détails que nous fournit le récit de François Bellefleur. Il correspond à un trou pratiqué entre les jambes d'un être si gigantesque qu'elles apparaissent telles des falaises aux yeux des voyageurs. Il fallut d'abord convaincre cet énorme personnage de soulever sa jambe droite en la frappant à coups de lance. Après avoir laissé échapper un cri de douleur, la créature géante consentit à soulever la jambe puisque, disait-elle, c'était le prix à payer pour consoler l'enfant. Ce qui ouvrit le passage aux voyageurs, qui se retrouvèrent alors face à un nouvel obstacle : l'*apitautshihikat*. Renard blanc fut chargé d'y creuser un tunnel, que chacun reçut la consigne d'élargir en y passant. Au-delà du tunnel, ils auraient accès au royaume de la lumière, de l'été, de la chaleur et de la fête perpétuelle. De quoi s'agit-il donc ? Il se pourrait que nous soyons ici en présence d'une représentation métaphorique de la reproduction humaine ou de la naissance, renvoyant à celle de la mort qui surviendra bientôt dans la suite du récit. Sachant que l'issue finale de cette aventure sera la mise en marche des grands cycles vitaux (alternance des saisons et alternance de la vie et de la mort), on ne peut s'empêcher de voir dans l'enchaînement de ces images un procédé rhétorique analogue aux chants chamaniques kunas destinés à aider les parturientes en difficulté (Lévi-Strauss, 1958, p. 215[24]).

Le voyage entrepris pour aller chercher l'été serait donc une sorte d'ascension vers le zénith (lumière et chaleur). Ce qui apparaît explicitement d'ailleurs dans la variante 13, recueillie par un missionnaire français, Émile Petitot, en septembre 1862 au Grand lac des Esclaves (Territoires du Nord-Ouest). Le narrateur, un vieil

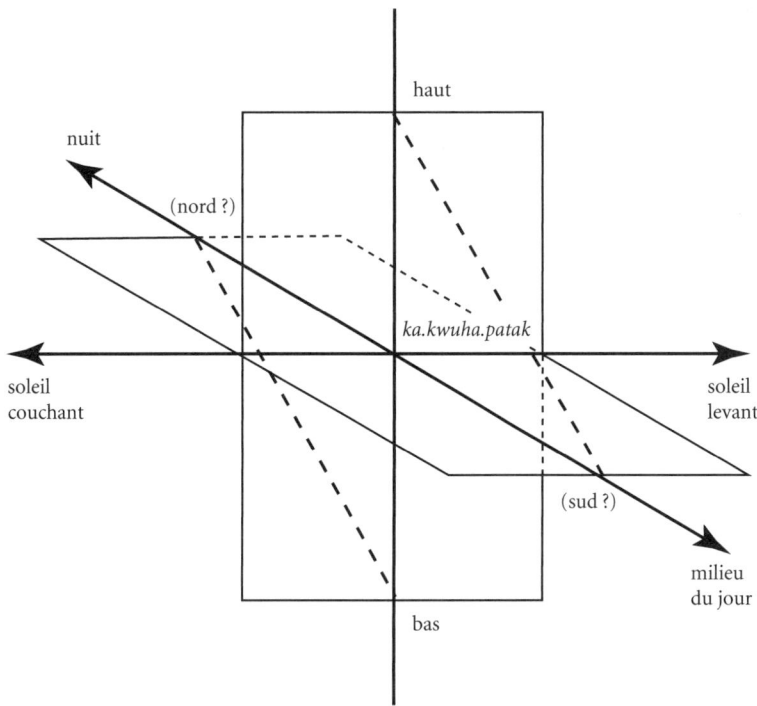

Figure 9. Tente rituelle et cosmologie innue (Vincent, 1973, p. 75, fig. 4).

aveugle, lui raconta un voyage fait au ciel par des animaux qui
« demeuraient et conversaient avec les hommes ». Cette expédition était devenue nécessaire depuis que l'hiver se prolongeait
indûment, risquant d'éliminer toute forme de vie sur terre. Un
écureuil grimpa dans un arbre et atteignit la voûte céleste, qu'il
parvint à perforer. On ne peut pas ne pas penser ici à l'ascension
de Tshakapesh dont il est question au premier récit. « Ce trou, c'est
le soleil ! », disait l'aveugle. Mais l'ours, qui avait eu jusque-là le
monopole de la chaleur, posa une peau épaisse sur le trou. Et la
nuit tomba sur le monde d'en bas. Ours vivait sur une île où il
conservait la chaleur dans une outre de peau suspendue à un
arbre, au pied duquel il dormait. En raison de sa rapidité, Renne
fut chargé d'aller s'emparer de l'outre en question. Il nagea jusqu'à
l'île, empoigna l'outre et revint à la nage. Ours s'élança à sa poursuite en canot, mais son aviron se brisa. « C'était la souris qui en

avait creusé l'intérieur, en travaillant au bien commun. » Pour leur part, les Tsetsauts du sud de l'Alaska situent cette perforation de la voûte céleste par les animaux dans un contexte climatique inverse. Selon eux, le monde terrestre « était plat et chaud, sans eau ni pluie, neige, vent ou brouillard. On y souffrait de la faim. Cette situation dura jusqu'à ce que les animaux eussent déchiré la voûte céleste et libéré la pluie et la neige » (Lévi-Strauss, 1991, p. 27).

Je dois finalement mentionner ici une conversation que j'ai eue avec François Bellefleur quelques années après l'enregistrement de cette histoire. Je l'interrogeais alors sur la source de ces récits de type *atanukan*. Quelqu'un avait-il un jour inventé ces histoires ? Les *atanukan* venaient-ils des rêves, comme c'est le cas des chants ? Selon son habitude, il secoua légèrement la tête comme pour faire provision de patience, puis il entreprit d'éclairer ma lanterne par un petit récit que je résumerais de la façon suivante : son grand-père Pien (Pierre) connaissait un Innu de Sheshatshit surnommé le Vieux Michel, qui s'adonnait parfois à ce rituel. Un jour, ce dernier y avait convoqué le même Mistapeu dont il est question dans le présent récit. Cet interlocuteur céleste lui aurait alors dit que, si l'enfant n'avait pas été abandonné, il n'y aurait jamais eu d'alternance saisonnière. Mistapeu aurait alors insisté sur la nécessité que ce récit soit transmis d'une génération à l'autre, pour qu'on n'oublie jamais le contexte dans lequel le phénomène des saisons est apparu. Il m'apparaît donc que l'origine des *atanukan* serait reliée aux rencontres entre des visiteurs invisibles venus rejoindre l'officiant dans la tente rituelle. Pourquoi ne m'avoir rien dit de tel à l'époque de l'enregistrement ? Le conteur avait peut-être choisi de raconter l'histoire comme il le faisait avec les siens, pour qui de telles explications étaient superflues.

À ma connaissance, la première observation documentée de ce rituel remonte à l'été 1609 ; on la doit à Samuel de Champlain (Giguère, 1973, vol. 1, p. 187-188). Par la suite, les jésuites s'y sont intéressés à diverses reprises : 1634, 1636 et 1637 (Duval, 2001). Partant du fait que « la distribution même du rituel qui corres-

pond avec les frontières de l'aire algonquienne est frappante »,
Véronique Duval estimait qu'il constitue, « chez les groupes
algonquiens, une partie de leur héritage proto-algonquien, et non
pas le résultat d'une diffusion qui se serait arrêtée aux frontières
de l'aire algonquienne » (*ibid.*, p. 47-48).

Le découpage du temps : saisons, lunes et rituel météorologique

Ce récit débute avec l'absence de tout événement répétitif permettant de marquer le temps, comme les naissances, les décès, les
modifications du climat, etc. La distinction entre humains et animaux n'étant pas encore établie, ceux qui sont en voie de devenir
les uns et les autres végètent dans une intemporelle obscurité
hivernale. Chaleur et lumière appartiennent à un ailleurs inacces-
sible tout aussi intemporel, où des êtres également indifférenciés
participent à une fête perpétuelle. Bref, un cosmos inerte où certains semblent jouir du sort des dieux, tandis que d'autres s'ap-
prêtent à atteindre le statut d'humain.

Tel qu'on l'a vu précédemment, le récit laisse entendre que le
mandat confié aux membres de l'expédition se ramenait au
départ à la simple permutation d'une distribution spatiale des
phénomènes. Mais lesdits membres furent contraints d'accepter
l'alternance qu'on leur proposait. Le découpage des saisons commença par une dichotomie : pour les Innus, il y a d'abord l'hiver
et l'été[25]. Les dictionnaires innus-français nous proposent *pipun*
et *nipin*. Mais cette alternance *hiver-été* n'est jamais instanta-
née. Nous savons tous qu'elle se fait progressivement, en dents
de scie. Le scénario peut même varier d'une année à l'autre. Il
est cependant possible de repérer certaines régularités que Désveaux nomme « des sous-catégories saisonnières » (1998, p. 29).
C'est là qu'on trouve le second niveau du découpage saisonnier des Algonquiens. Depuis que nous sommes là, les Innus ont
plutôt tendance à considérer qu'il y a quatre saisons : *shikuan*

(printemps), *nipin* (été), *takuatshin* (automne) et *pipun* (hiver). Certains en reconnaissent cependant encore une cinquième, située entre *pipun* et *shikuan*, soit *minishkamau* (retour de la verdure). Au début du XXᵉ siècle, Alanson Skinner avait observé que les Ojibwas du nord des Grands Lacs et du sud des provinces canadiennes centrales en reconnaissaient une sixième, entre *takuatshin* et *pipun,* soit *pit'cipipun (Indian Summer)* (Skinner, 1911, p. 147), que Désveaux écrivait *peshpepoon* et traduisait par *pré-hiver* (Désveaux, 1988, p. 29). Dans les années 1980, à Unaman-shipit, où les récits nous furent racontés, le cycle annuel débutait avec la lune des outardes *(nishk-pishumu*[26]*)*, correspondant généralement au mois de mai, suivie de celle des fleurs *(uapikun-pishumu).* Puis on passait aux deux lunes d'été : *Shetan-pishumu*, celle de Sainte-Anne[27], et *Upau-pishumu,* celle du premier vol des oisillons. Ensuite venait la lune durant laquelle le caribou perd le velours de ses bois *(ushku-pishumu),* puis celle qui voit les feuilles jaunir et tomber *(uashtessiu-pishumu),* enfin la lune d'automne proprement dite *(takuatshi-pishumu).* Le très long hiver pouvait ensuite commencer. Il durait idéalement trois lunes : décembre (la petite lune, *pishumuss*), janvier (la lune la plus longue, *tshishe-pishumu*) et février, qui peut se dire de deux façons : *katakushishit-pishumu,* la plus petite lune, et *epishiminishkueu,* que les auteurs traduisent par « le mois qui vient entre deux saisons ». Deux autres lunes complétaient le cycle annuel : celle de la marmotte *(uinashku-pishumu)* et celle des gibiers d'eau *(Shiship-pishumu).* On retrouvait ainsi la lune de l'outarde *(nishk-pishumu),* et un nouveau cycle commençait.

Fin août, en se quittant généralement à la tête de leur rivière pour regagner leurs territoires respectifs, les petits groupes familiaux issus de chaque bande locale se donnaient rendez-vous en avril de l'année suivante au même endroit, afin d'y célébrer la fête annuelle des Innus, ce résidu de fête perpétuelle imaginaire dont on continue à rêver comme d'un paradis perdu. Joie des retrouvailles après plusieurs lunes. Gendres et brus venus d'ailleurs, récolte de nouvelles en provenance de l'ensemble du territoire innu : naissances et décès, état des cheptels, feux de forêt, nouveaux comptoirs, apparition d'une robe noire, rumeurs de toutes natures, etc. Danses et chants au rythme des tambours. Festins somptueux au menu desquels les gibiers d'eau et les outardes fraîchement venues du sud et chassées en groupe accompagnaient le *pimi*, cette riche graisse cuite tirée des os pulvérisés des caribous abattus lors des grandes chasses d'hiver[28]. À travers tout ce branle-bas, les femmes devaient trouver le temps de coudre les passe-montagnes reproduisant les rayures du plumage de tête des premiers oiseaux de l'été, pour protéger leurs petits contre les nuées de moustiques sur le point d'éclore. Ce qui ne pouvait éviter de ramener à la mémoire des conteurs le récit de l'enfant couvert de poux et abandonné de ses parents. Pendant que se déroulaient les célébrations, la débâcle avait augmenté le débit de la rivière que les saumons remontaient pour aller se reproduire. Il était temps de charger les canots retrouvés sur les lieux pour que tous descendent ensemble à la mer, gonflés à bloc à la façon des membres de l'expédition ayant jadis ramené aux enfants le premier printemps du monde.

La grande distinction entre l'hiver et l'été jouait encore tout récemment, chez les Innus, un rôle de répartition de pouvoirs spéciaux en matière de variation climatique. Est-il besoin de rappeler que rien n'est plus imprévisible que le découpage des saisons ? En hiver, un temps trop doux ou trop froid pouvait entraîner des inconvénients majeurs : ralentissement ou même annulation des déplacements en raquettes et en traîneau. De la même façon, un froid trop rigoureux pouvait inciter chasseurs et gibier à rester chacun chez soi. On avait alors recours à certains individus doués de pouvoirs spéciaux, consistant à faire venir le froid ou le chaud, selon le moment de l'année où ils étaient nés. À Pakua-shipit, en 1970-1971, on m'a expliqué que ceux ou celles dont la naissance avait eu lieu entre mai et août pouvaient obtenir un réchauffement du temps. À l'inverse, la naissance entre novembre et février conférait à quelqu'un le pouvoir de faire baisser le mercure.

Ces individus m'étaient désignés par les termes *kanipintshet* et *kapipuntshet*, signifiant respectivement « celui ou celle qui fait l'été » et « celui ou celle qui fait l'hiver ». Quand mes interlocuteurs apprirent que j'étais né à la fin de mars, ils me confièrent avec un sourire que je ne devais entretenir aucun espoir d'exercer un jour de tels pouvoirs solsticiaux. En janvier et février 1970, j'habitais la tente d'un jeune couple ayant un bébé. Âgée de 25 ans, la femme était *kanipintshet*. Pour hausser la température, elle frottait contre le tuyau du poêle un morceau de viande de loup marin, un bout d'une espèce d'aulne[29], un écureuil ou encore des testicules de castor, en prononçant l'invocation suivante : « *Petauta nipin* », soit « apporte l'été ». J'ai aussi connu un *kanipintshet* de cette communauté. Il devait être dans la quarantaine et utilisait les mêmes éléments sur le poêle. Mais, selon sa conjointe, il plantait aussi un autre bout d'aulne dans la neige devant la tente, en direction de l'endroit où se trouve le soleil à midi. Toujours le zénith ! Le tout était accompagné du même type d'incantation mentionnée ci-dessus.

On trouve des échos de ces pratiques dans les relations du jésuite Le Jeune :

> Il arrive parfois que les Sauvages, se fâchant l'hiver contre la rigueur du froid, qui les empêche de chasser, déchargent leur colère d'une façon ridicule : tous ceux qui sont nés l'été sortent de leurs cabanes, armés de feux et de tisons ardents, qu'ils lancent contre *Kapipou noukhet*, c'est-à-dire contre celui qui a fait l'hiver, et par ce moyen le froid s'apaise. Ceux qui sont nés l'hiver ne sont point de la partie, car s'ils se mêlaient avec les autres, le froid augmenterait au lieu de s'apaiser. Je n'ai point vu cette cérémonie ; je l'ai apprise de la bouche d'un Sauvage (Le Jeune, 1972a, [1636], p. 38).

Pour les gens de Pakua-shipit auxquels j'ai parlé en 1970, il ne faisait aucun doute que les termes *kanipintshet* et *kapipuntshet* s'appliquaient aux personnes détenant ces pouvoirs, et non à celles que Le Jeune appelait « deux principes des saisons » (*ibid.* [1634], p. 13). En près de quatre siècles, il n'est pas impossible que le discours rituel se soit ainsi légèrement modifié.

Pour la suite de cet ouvrage, on retiendra que la dichotomie générale hiver-été joue encore aujourd'hui un rôle important dans les classifications zoologiques de la langue innue. Selon Mailhot et Bouchard, « la plupart des espèces animales sont [...] réparties dans deux classes associées, l'une à l'hiver (pupun), l'autre à l'été (ni.pan), et nommées respectivement « pupunwe. si.s », "animal d'hiver", et « ni.panwe.si.s », "animal d'été" ». Pour ces auteurs, les espèces d'hiver sont celles que les gens peuvent voir tout au long de l'année, tandis que les espèces d'été ne sont visibles qu'en cette saison. En hiver, elles sont ailleurs, soit loin au sud, soit sous la terre ou dans la vase des étangs (Mailhot et Bouchard, 1973, p. 56-60). Pour ce qui est du héros de ce récit, il est devenu un petit oiseau migrateur, donc un animal d'été.

Être la bru de son mari :
la fin de l'été

Je vais te parler d'Aiasheu. « Arrête ça[1]... Allons ramasser des œufs », dit-il à son fils Aiashesh[2]. Il y avait une île dans la baie. Très loin au large. C'est là qu'il conduisit son fils. Dès qu'ils abordèrent l'île, il lui dit : « Toi, tu suivras la rive dans cette direction, moi, j'en ferai autant dans l'autre. » Son fils partit ainsi ramasser des œufs. Au bout d'un certain temps, il revint au canot en disant : « Eh ! mon père, j'en ai trouvé là-bas. — J'espère qu'ils sont très petits, dit Aiasheu. Montre-les-moi. — Les voici. — Ah ! ils sont trop gros. J'en ai déjà vu de plus petits par là. Va donc voir[3] ! » Le garçon obéit. Dès qu'il fut hors de vue, Aiasheu sauta dans son canot et s'éloigna vers la terre ferme. Si bien que, lorsque l'enfant remonta sur l'île pour rejoindre son père, il vit que ce dernier était déjà loin sur la mer. « Mon père, tu m'abandonnes », cria-t-il. Rendu à destination, Aiasheu souffla en direction de l'île, qui devint aussitôt à peine visible. Un instant plus tard, on ne la voyait plus.

Aiashesh passait ses grandes journées à se promener dans l'île. Un jour, apercevant des goélands, il leur cria : « Goélands, ramenez-moi sur le continent ! — Quelqu'un d'autre le fera plus tard », répondirent-ils. Des eiders communs passèrent aussi par là. « Canards eiders, ramenez-moi sur le continent ! leur cria-t-il. — Quelqu'un d'autre le fera plus tard », répondirent les canards. *Et puis ce furent des phoques. « Phoques, cria-t-il, ramenez-moi sur le continent. » Même réponse : « Quelqu'un d'autre le fera plus tard. » Tout en continuant à errer dans l'île, il devait bien se dire : « Comment retournerai-je chez moi ? »*

Une nuit, il rêva que son grand-père, Uteshkan-manitush[4], *l'avait ramené sur le continent. Le lendemain, il alla s'asseoir à l'extrémité d'une des pointes rocheuses de l'île. La mer était alors parfaitement calme. Soudain, des vagues se formèrent. Elles venaient dans sa direction. Puis quelque chose d'immense se dressa hors de l'eau. « Uteshkan-manitush fonce sur moi », cria Aiashesh en s'enfuyant sur le rivage. « C'est plutôt ton père, l'uteshkan-manitush, lui qui t'a abandonné dans l'île ! dit ce personnage. Va chercher une pierre plate et je te ramènerai sur le continent. » Aiashesh s'éloigna et revint en disant : « En voici une. — Bien, dit Uteshkan-manitush. Assieds-toi entre mes deux cornes et surveille bien le ciel. Si des nuages se forment à l'ouest, nous aurons du vent. Tu risquerais alors d'être projeté à l'eau. » Après qu'ils eurent quitté l'île, l'enfant s'écria : « Mon grand-père, il y a des nuages à l'ouest. » Et Uteshkan-manitush de dire : « Oh ! Frappe vite mes cornes avec la pierre. » Dès que l'enfant eut frappé les cornes, ce fut comme s'il avait donné une forte poussée à son grand-père. Ils filaient maintenant à vive allure. « Mon petit-fils, dit Uteshkan-manitush, y a-t-il une terre en vue ? — Oui, mon grand-père. — Très bien. Lorsque nous arriverons en eau peu profonde, je ferai un rapide tête-à-queue. L'eau se retirera alors un peu, dégageant le fond sur lequel tu n'auras qu'à sauter et ensuite monter le plus vite possible sur la plage. — D'accord ! répondit Aiashesh. De plus, mon petit-fils, ne chante plus jamais. Si un jour tu devais le faire, commence par décocher une flèche vers le ciel et une autre vers la terre. — Très bien, grand-père. » Dès cet instant, là-bas dans les territoires, on sut qu'il était de retour. Peu de temps après, le garçon s'écria : « Nous voilà rendus en eau peu profonde. » Uteshkan-manitush dit alors : « Je vais tourner et tu sauteras. » Il tourna soudain bout pour bout, ce qui fit baisser l'eau et permit à l'enfant de sauter sur le rivage sans qu'Uteshkan-manitush ait tou-*

ché le sable sec. Dès qu'il eut posé le pied sur le sable, Aiashesh courut vers le haut du rivage et se retourna pour tâcher d'apercevoir son sauveur. « Mon grand-père est retourné au fond », dit-il. Puis il s'éloigna en marchant sur le rivage.

Il finit par rencontrer sa grand-mère. Elle était seule. « Oh ! », fit-elle avec surprise en le voyant. C'est qu'il était devenu adulte. « Comment as-tu fait pour revenir ? dit-elle. — Mon grand-père Uteshkan-manitush m'a ramené. — Nous savions que tu étais en route[5]. Mais tu ne pourras jamais retourner chez ton père. Il te faudra d'abord passer à travers son peigne. Traverser ensuite sa résine[6]. Enfin son broyeur à os[7] se dressera devant toi telle une falaise. — Bon ! dit-il. C'est la résine qui m'inquiète le plus. » Cette vieille femme avait un renard blanc en guise de chien. « Grand-mère, j'emmène ton chien, dit Aiashesh. — Mais il se prendra dans la résine. — Je pourrais peut-être l'enduire d'huile pour qu'il puisse creuser un tunnel. — Fais donc à ta guise. » Il partit avec le « chien ». Arrivé au peigne, ce dernier s'était transformé en une forêt dense. Comme la vieille l'avait prévu, Aiashesh eut du mal à passer à travers. Ensuite ce fut la résine. Pendant que le renard blanc y creusait un tunnel, il l'enduisait d'huile. Après avoir réussi à passer, il renvoya le « chien » à sa grand-mère. Le dernier obstacle était le broyeur à os. Aiashesh ne tarda pas à se trouver face à une falaise escarpée, qu'il n'eut d'autre choix que de contourner.

Puis il continua à marcher, jusqu'à ce qu'il entende le bruit fait par quelqu'un qui coupait du bois. C'était sa mère. « Maman ! », cria-t-il. Elle se retourna vivement avec l'impression d'avoir entendu son fils. Mais elle ne vit qu'une mésange[8] en train de mâchouiller une branche. « Ah ! lui dit-elle tristement, tu ne cherches qu'à me rappeler mon fils. » Elle reprit le travail. Puis… « Maman ! », cria encore son fils. Cette fois, elle en était certaine ; ce ne pouvait être que lui. Elle chercha autour d'elle. Il y avait bien quelqu'un. Qui était-ce ? Oui, c'était bien son fils ! Mais il était devenu un homme. « Mon fils ! Nous avions entendu dire que tu étais sur le chemin du retour. Ton père me rend la vie bien pénible : il m'oblige à dresser ma tente à l'écart de la sienne et, si je m'en approche, il me repousse en me lançant des

cendres chaudes. — Maintenant que je suis là, dit son fils, va le trou-
ver sans crainte ; je ne te quitterai pas des yeux. » Elle le conduisit à
la tente de son père. Dès qu'elle eut entr'ouvert la porte, Aiasheu lui
lança un mélange de cendres et de sable chaud pris dans le foyer. « Ça
suffit, dit-elle. Notre fils est là. — C'est impossible. Jamais plus tu ne
reverras ton fils. — Regarde donc toi-même. » Il s'étira pour voir à
l'extérieur. Qui était cet homme là-bas ? Il comprit que son fils était
devenu adulte. « Ah ! Mon fils ! Attends avant d'entrer », dit-il obsé-
quieusement. Il s'empressa d'étendre une peau de caribou en guise de
tapis, tout en pressant son fils d'entrer. Aiashesh pénétra dans la
tente. Aiasheu déclara que ce tapis s'imposait pour souligner le fait
que son fils revenait de très loin. Ce dernier fit voler le tapis d'un coup
de pied en disant : « Pourquoi tant de frais ? C'était quand j'étais
jeune qu'on devait prendre soin de moi. » Ensuite il s'assit. Son père
coupa un morceau de graisse cuite[9] et l'invita à se servir. Pendant
que la mère et son fils mangeaient, Aiasheu chanta au rythme de son
tambour. Quand il eut fini de chanter, il déclara : « À ton tour, mon
fils. — Mais comment pourrais-je chanter ? La terre s'enflammerait
si je le faisais. — Pourquoi la terre brûlerait-elle ? Moi qui suis un
homme âgé, j'ai bien souvent chanté. Jamais la terre n'a brûlé.
Chante. — Tant pis. » Aiashesh demanda à sa mère d'aller lui cher-
cher son arc et deux de ses flèches. Quand elle revint avec ce qu'il lui
avait demandé, il en tira une en direction du ciel et l'autre vers le
fond de la terre. Après quoi, il entonna un chant. Il commençait déjà
à y avoir de la fumée au loin. « Aïe ! Mon fils, dit Aiasheu, on raconte
que la terre brûle là-bas. — Je t'avais prévenu », répliqua Aiashesh,
avant de se remettre à chanter. L'incendie progressait rapidement.
Aiashesh donna des instructions à sa mère : « Viens t'asseoir tout
contre moi. — Et moi alors, demanda Aiasheu, que dois-je faire ?
— Toi, tu fais un trou dans ta provision de graisse cuite, tu y entres
et tu refermes ensuite le trou. — Très bien », répondit son père en
s'exécutant. Le feu pénétrait maintenant dans la tente. Aiashesh et sa
mère s'élevèrent dans les airs pour échapper au feu. Pour ce qui est
d'Aiasheu, sa graisse commença à fondre et finit par s'enflammer ; on
l'entendit crier.

Quand la graisse eut complètement fondu, le feu s'éteignit. Il n'y avait plus qu'un très grand lac de graisse liquide dans lequel les animaux vinrent plonger. Le phoque sauta au fond et y nagea abondamment. C'est pourquoi aujourd'hui son corps est enveloppé de graisse. Castor se contenta de nager sur le ventre, de là l'absence de graisse sur son dos. Quant au caribou, il se contenta d'en boire ; c'est pourquoi on ne lui trouve de la graisse que dans l'estomac. Quant à la perdrix, elle se contenta de se frictionner sous les ailes et sur le dos. Au bout d'un moment, le lièvre surgit subitement de la forêt et d'un bond se retrouva dans l'huile. On s'empressa de le sortir de là et on l'essora en le tordant. Puis il fut lancé dans la forêt. Au bout d'un moment, il en sortit à nouveau, mais cette fois il ne fit que tremper à peine ses mains dans la graisse fondue et se les passa sur les omoplates. Puis il se retira.

Uteshkan-manitush et la foudre

Nous avons déjà signalé que les Innus utilisent l'expression *ute-shkan-manitush* pour désigner une espèce d'insecte du genre létho-cère *(Lethocerus americanus)*, communément appelée « barbeau » ; *uteshkan,* de *uteshkanu,* « il a des cornes, il a un panache, il est en colère », et *manitush,* terme générique pour « animal maléfique » (reptiles, vers et autres animaux répugnants, cancer) (Drapeau, 1991). Cette classe hiérarchise les espèces considérées en fonction de leur plus ou moins grande dangerosité pour les humains. Au-delà de cette agressivité pouvant aller jusqu'à l'acte de tuer, l'inten-sité de leur pouvoir maléfique varie en fonction de divers attributs : saleté, locomotion, forme et reproduction anormales, longue vie (Mailhot et Bouchard, 1973, p. 48-55). Comme *manitush* se retrouve dans plusieurs langues algonquiennes, on pense qu'il rele-vait du vocabulaire proto-algonquien sous la forme *manetoûnsa,* signifiant « petit esprit, insecte, ver » (Hewson, 1993). L'expression « petit esprit » peut toutefois prêter à confusion. Passons vite sur « esprit » *(manitu),* qu'on aurait pourtant avantage à éviter dans ce contexte. Pour ce qui est de « petit », nous avons déjà rencontré le suffixe diminutif -*esh* marquant l'affection, comme dans *Aiashesh,* ou la péjoration, comme dans *manitush (manitu-sh*[10]*).*

Uteshkan-manitush pourrait s'apparenter à ce que le guide Peterson des insectes vivant au nord du Mexique nomme « punaises d'eau géantes, [et] dont la plupart des espèces sont du genre *Lethocerus* (léthocères) » (Borror et White, 1991, p. 114). Cet ouvrage nous apprend qu'elles mesurent de 2,5 à 5 centimètres et que leurs pattes antérieures sont « modifiées pour pouvoir tenir les proies ». C'est cette modification qui donne l'illusion d'une paire de cornes *(figure 10)*. Les auteurs du guide ajoutent que ces punaises sont « souvent communes dans les étangs, [qu'] elles quittent parfois l'eau pour voler et sont attirées par la lumière ». Interrogé sur ce personnage légendaire, le conteur me répondit que celui-ci vivait sous l'eau, qu'il avait la taille d'un caribou et que sa tête était munie de cornes ou d'un panache. Il s'agirait donc d'une variété de barbeau géant. Les deux premières variantes innues attribuent également le sauvetage d'Aiashesh à Uteshkan-manitush. Les traducteurs de la première rendirent ce terme par « dragon » et « seadragon[11] ». Vers 1975, lors d'une conversation portant sur Uteshkan-manitush, Marcel Jourdain, de Sept-Îles, m'a dit : « Il s'agit d'un insecte cornu. On peut le voir lorsqu'il y a de la foudre. Il en tombe alors sur l'eau et sur la terre. C'est bien lui qui a ramené l'enfant. Il est le gardien du feu. » La cinquième variante utilise l'expression « une sorte d'araignée qui court sur l'eau », la quatrième fait état d'une créature cornue, alors que la troisième décrit celle-ci comme étant « gigantesque lorsqu'elle émergea ».

Parmi les sept variantes cries, celle rapportée en 1880 par Émile Petitot, du nord de l'Alberta (variante 6), désignait ce personnage par le terme *pisiskiw,* que le missionnaire français traduisit par « monstre marin sortant de l'eau ». Nous avons le grand avantage, dans ce cas, de disposer du texte cri ; on y apprend que le *pisiskiw* est muni de cornes (*tawahik n'tiskana kika-apin* : « entre mes cornes tu t'assiéras », dira-t-il à l'enfant). Le bilan de ces seize performances, si on ajoute celle de François Bellefleur aux quinze variantes (annexe 2), va comme suit : la plupart d'entre elles font

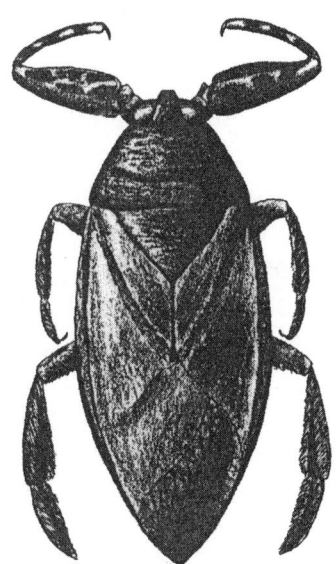

Figure 10. Punaise d'eau géante *(Letho-cerus americanus)* (tiré de *A Field Guide to the Insects of North America and Mexico,* de Donald J. Borror and Richard E. White, Houghton Mifflin Company, 1970. © Donald J. Borror et Richard E. White 1970. Reproduit avec la permission de la Houghton Mifflin Company).

venir des profondeurs le sauveteur de l'enfant, l'associent au feu naturel dévastateur, l'affublent souvent d'une paire de cornes et le présentent comme s'il cherchait à éviter à tout prix l'orage et le tonnerre. Pour leur part, les Innus ont tendance à le voir sous les traits d'un insecte géant (punaise d'eau ou araignée). Les Cris parlent plutôt d'un monstre aquatique, d'un poisson géant, d'un poisson-chat géant ou d'un cheval de mer, à l'exception de Caroline Dumas qui, comme les conteurs des deux variantes ojibwas (13 et 14), considérait qu'il s'agissait d'un serpent géant; elle emploie le terme *misikinipik.* Il faut ajouter à ce bilan que, quelle que soit la forme sous laquelle on se le représente, ce personnage des profondeurs craint l'affrontement avec la foudre. Quand le fils d'Aiasheu voyageait entre les cornes d'Uteshkan-manitush traqué par la foudre, il occupait donc la position la plus délicate qu'on puisse imaginer dans ce contexte cosmologique, puisqu'il se trouvait exactement sur la trajectoire de l'arc électrique menaçant à tout moment de s'établir entre les deux pôles du monde algonquien. D'autres groupes de la même famille linguistique, vivant au sud des Grands Lacs, voyaient dans ce monstre aquatique un lynx ou un cervidé. Dans un mémoire portant sur ces groupes et sur d'autres présents dans la vallée du Mississippi, mémoire préparé pour l'administration coloniale française, on apprend qu'« ils honorent le grand Tigre comme le dieu de l'eau, que les Algonkins et d'autres qui parlent la même langue nomment Michipissi[12] » (Perrot, 1999, p. 35).

Dans le lexique innu-français de Mailhot et Lescop (1977), *ninimissuat* est présenté comme une forme plurielle désignant la foudre. Le terme entre dans la composition de quelques expressions techniques, telles *ninimissiu-iskuteu*, « électricité », et *ninimissiu-iskuteuiapi*, « lumière électrique ». À l'entrée « tonnerre » du dictionnaire français-cri de Vaillancourt (1992), on trouve *nimis'choch* suivi du commentaire suivant : « Ordinairement, ce mot se traduit en cri par une expression au pluriel, selon la légende qui veut que le bruit du tonnerre soit causé par des oiseaux qui habitent les airs. » Dans leur lexique ojibwas, Piggot et Grafstein (1983) traduisent *animikki* par « *thunderer, thunder* ». Les Menominis du sud des Grands Lacs utilisaient *ene'mehkiw*, « *thunderbird* » (Hewson, 1993). Il s'agit vraisemblablement d'un terme ancien, pour lequel un dictionnaire du proto-algonquien propose la forme *nenemexkiwa*, « *thunder bird* » (Aubin, 1975). On sait depuis le début du XVIIᵉ siècle que les Innus associent le tonnerre à des oiseaux (Le Jeune, 1972b [1637], p. 53).

Vers la fin du XIXᵉ siècle, le missionnaire Eells signalait la présence de l'oiseau-tonnerre dans l'imaginaire de plusieurs peuples de l'ouest de l'Amérique du Nord (Eells, 1889, p. 329[13]). Dès l'année suivante, A. F. Chamberlain proposait d'étendre les observations d'Eells à l'aire algonquienne ; non seulement signalait-il la présence du motif de l'oiseau-tonnerre depuis la côte atlantique jusque dans les Territoires du Nord-Ouest, et de la baie d'Hudson jusqu'au sud du lac Supérieur, mais il constatait l'antagonisme entre ces grands oiseaux et les serpents (Chamberlain, 1890). Rappelant que les Menominis du sud des Grands Lacs avaient toujours occupé le site du premier peuplement algonquien dans le Nord-Est américain, Claude Lévi-Strauss résumait ainsi la complexité de leur cosmologie :

De part et d'autre de la surface terrestre, ils distinguaient quatre niveaux. Les aigles chauves et autres oiseaux de proie régnaient sur le premier monde supérieur, les aigles dorés et les cygnes blancs sur le deuxième, les tonnerres sur le troisième, le soleil sur le quatrième et dernier. De l'autre côté, c'est-à-dire sous la terre, on trouvait d'abord les serpents cornus, maîtres du monde inférieur, puis dans l'ordre les grands cervidés, les panthères et les ours : maîtres du deuxième, troisième et quatrième monde respectivement. On appelle panthères les créatures mythiques, semblables à des pumas, mais pourvues de cornes comme les bisons (Lévi-Strauss, 1968, p. 322-323).

Vers la fin des années 1960, l'anthropologue René Hirbour et moi enquêtions sur les classifications zoologiques des Algonquins du Nord-Est québécois. Pour ce faire, nous disposions d'un jeu de quelques douzaines de cartes, chacune représentant une espèce animale présente dans la région. L'opération consistait à demander aux gens de nous proposer une ou plusieurs classifications de ces cartes. Je me souviens d'une dame qui nous signala, avec beaucoup de gentillesse, un oubli important dans la préparation de notre matériel d'enquête, soit le grand serpent. De la fenêtre de sa petite cuisine où nous nous trouvions, elle nous indiqua alors une longue baie du lac Kabonga. « C'était son terrier, jusqu'à ce qu'il soit détruit par la foudre », dit-elle.

Ce troisième récit nous met donc en présence de la version algonquienne d'un thème cosmologique ancien, dont continuent à s'inspirer les créateurs artistiques autochtones des Amériques : les oiseaux-tonnerre, comme pôle céleste d'un axe vertical traversant les mondes aérien, terrestre et souterrain, et dont l'extrémité chtonienne est généralement associée au serpent cornu *(figure 11)*.

L'Oiseau-Tonnerre est l'une des figures les plus répandues et les plus fascinantes de la mythologie nord-américaine. Chez les Algonquiens, elle est souvent décrite comme un superaigle [...]. Le plus important, cependant, est que l'Oiseau-Tonnerre vit au ciel, se nourrit uniquement de serpents et protège l'humanité contre son ennemi mortel, le Grand Serpent à Cornes qui habite dans les profondeurs de la terre. [...] L'Oiseau-Tonnerre est l'une des images les plus fréquentes et les plus représentatives de l'iconographie artistique des Indiens d'Amérique (Vastokas et Vastokas, 1973, p. 91).

Le même couple oiseau-tonnerre et serpent à cornes occupe une place importante dans la cosmologie iroquoienne (Foster, 1974, p. 69). On le trouve également en Amérique centrale ainsi qu'en Amérique du Sud[14]. Michael Foster, spécialiste des Iroquois cité précédemment, signalait la présence de ce double motif dans le nord-est de l'Asie *(ibid.)*. Nous nous pencherons plus loin sur les traces, plus ou moins anciennes, de la présence de cet axe cosmologique dans l'ensemble du continent eurasiatique. Ce qui en fera un motif universellement connu.

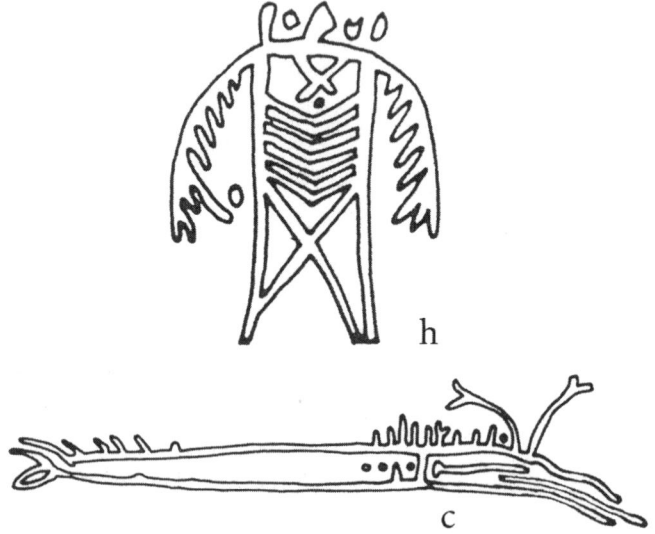

Figure 11. Oiseau-tonnerre et serpent chtonien algonquiens (Vastokas, 1973, fig. 26h et 29c).

Violence familiale

Comme les deux récits précédents, celui-ci rapporte l'histoire d'un jeune enfant brutalement séparé de ses parents. Mais le type de rupture varie d'un cas à l'autre. *Tshakapesh* devint orphelin de père et de mère après qu'un ours gigantesque les eut dévorés. Il ne dut sa survie qu'à sa sœur aînée, qui récupéra le fœtus auquel l'agresseur n'avait pas daigné s'intéresser. Par ailleurs, Aiashesh fut éloigné du lieu de résidence de la famille par son père, tandis que c'est à la mère du petit-fils de Mistapeu que semble revenir l'initiative de l'abandon, lors d'un déménagement de l'unité familiale. On se souvient aussi que cet enfant avait été ramené chez les siens par un grand-père lumineux et zénithal, soit l'antithèse même d'Uteshkan-manitush, ce très nadiral prince des ténèbres, qui délivra pourtant Aiashesh de l'île où son père avait souhaité le voir périr ; deux points situés aux extrémités de l'axe vertical déployé au premier récit par Tshakapesh, lui-même né de la terre et identifié par la suite à l'astre de lumière, au terme d'un lancement fait à partir d'une épinette blanche en expansion. Le récit de Mistapeu débutait au cœur d'un hiver perpétuel pour se conclure à l'arrivée du premier printemps, alors que celui d'Aiasheu commence dans le cadre d'une activité printanière (cueillette d'œufs, de gibiers d'eau et de goélands) pour finir à la veille de l'automne.

Dans le présent récit, un père bigame décide d'éliminer le fils qu'il avait eu de sa première épouse. Pour des raisons qui lui appartiennent, François Bellefleur a préféré glisser en douceur sur les motifs ayant conduit cet homme à agir ainsi. Effectivement, dès la première phrase, notre conteur hésita un moment avant de s'abstenir d'évoquer ce qui motiva ce père à se débarrasser de son jeune fils. Or, des quinze variantes, seule la troisième est également muette à ce sujet (annexe 2). Les quatorze autres situent l'événement dans un contexte de discorde entre un père et la mère du fils abandonné. Dans un seul cas, le geste du père est relié au fait que son fils ne manque jamais de lui reprocher de battre sa mère (variante 8). Onze autres expliquent son comportement par sa jalousie envers son fils, qu'il soupçonne de faire l'amour avec sa seconde épouse. Parmi ces onze variantes, il s'en trouve dix pour expliquer que ces soupçons avaient été semés dans l'esprit de l'homme par cette femme, pour punir le jeune homme d'avoir refusé ses avances. Elle y parvint après avoir placé sous sa jupe un oiseau encore vivant (une perdrix ou un faisan), qui lui égratigna l'intérieur des cuisses. Le soir venu, quand Aiasheu l'interrogea sur la cause de ces blessures, elle les attribua à son beau-fils. D'où la décision du père d'éliminer ce dernier. Plusieurs variantes confirment cependant que ce bigame faisait subir de mauvais traitements à la mère de son fils. La stratégie de cette seconde épouse n'a rien de banal ; elle associe le jeune homme à un aliment, la perdrix, confondant ainsi les processus alimentaire et sexuel, conformément à un thème récurrent de l'imaginaire universel. Le garçon s'en sortira néanmoins, grâce à l'intervention, en soi insolite, d'un *grand-père* associé au nadir. À l'inverse de l'enfant abandonné qui s'était transformé en *oiseau d'été* (bruant), Aiashesh deviendra la mésange à tête brune qu'on retrouve en compagnie, entre autres, du renard, du vison et du pékan dans la catégorie des animaux d'hiver (Mailhot et Bouchard, 1973). Il en va ainsi des trois variantes de la côte du Labrador (3, 4 et 5), qui transforment l'enfant en buse pattue *(nûtshineushu, Bulteo lagopus)*, une espèce non migratrice (animal d'hiver). Selon ces variantes du Labrador, et contrairement à celle de François Bellefleur, la mère devint un merle d'Amérique *(pipitsheu, Turdus migratorius)*, soit une espèce migratrice (animaux d'été) (*ibid.*, p. 57).

Mais avant d'en arriver là, la détérioration du tissu familial avait fini par déclencher un bouleversement radical. La stratégie d'Aiasheu, pour se défaire de son fils, n'est pas banale non plus. Elle évoque rien de moins qu'un classique de l'ethnographie des peuples d'Amérique du Nord : au moment de la puberté, les adolescents étaient conduits en forêt par un père, un grand-père ou tout autre parent masculin d'une génération antérieure, afin de jeûner et d'y rencontrer sur le mode onirique un personnage non humain de type *ange gardien*, appelé à veiller sur eux pour le reste de leurs jours[15]. Hallowell mentionne le cas d'un garçon ojibwas de treize ans ayant été contraint de s'installer sur une plateforme fixée dans les branches d'un arbre, à quelque cinq mètres du sol : « Il lui était interdit d'en descendre […] sauf pour uriner et pour déféquer. Il ne devait ni manger, ni boire. […] Son jeûne de rêve dura dix nuits » (1976, p. 465). Selon l'auteur, cette pratique était particulièrement répandue chez les Algonquiens centraux. Nous avons là une excellente définition du rituel de passage en question : la turbulence de l'adolescence vient de ce qu'elle entraîne la mort de l'enfance et non la mort réelle.

Les jeunes hommes soumis à ce rituel devaient n'avoir jamais eu de rapports sexuels avec l'autre sexe, sans quoi aucun *grand-père* ne se serait présenté à eux et ils seraient tout simplement morts d'inanition. Ce sont là des détails importants pour la compréhension du présent récit : en raison des soupçons d'Aiasheu envers son fils, la sanction qu'il lui impose transforme en mort réelle ce qui ne devait être qu'une mort rituelle permettant à Aiashesh d'accéder au statut d'adulte. Même si l'ethnographie des Innus n'a jamais fait mention de ce genre de rituel, ce récit laisse penser que sa logique ne leur était pas tout à fait inconnue. C'est en pervertissant cette logique qu'Aiasheu a planifié le meurtre de son propre fils. Les choses ont d'ailleurs l'air de mal tourner pour ce dernier : trois fois, un *grand-père* refuse de le secourir. De plus, l'enfant a toutes les raisons de s'inquiéter, puisque l'ordre de succession de ces rencontres conduit vers le bas : les goélands, les canards et enfin les loups marins. Les premiers se posent parfois à la surface de la mer, sans jamais y plonger comme le font les canards. Ceux-ci paraissent aussi à l'aise en vol que sous l'eau. Quant aux loups marins, ils sont en quelque sorte l'image inversée des goélands, puisqu'ils passent le plus clair de leur temps sous l'eau, d'où ils doivent néanmoins sortir de temps à autre pour respirer. Tout conduit donc vers le gouffre obscur et froid, au fond duquel l'enfant semble condamné à être finalement entraîné. N'avait-il pas rêvé, la nuit précédente, qu'Uteshkan-manitush venait le chercher ? Le lendemain matin, alors que la mer était encore calme, il voit des vagues venir dans sa direction. Il finit par apercevoir des cornes et prend la fuite en hurlant qu'Uteshkan-manitush chargeait en sa direction. Aiashesh est tout aussi horrifié que l'avait été l'enfant-bruant du premier printemps du monde, lorsqu'il avait pris Mistapeu pour Atshen. Les réactions de ces deux grands-pères secourables furent identiques : « Celui que tu dois craindre est celui qui t'a abandonné ! » Mais la symétrie des deux situations s'arrête là. L'enfant parasité avait d'excellentes raisons de confondre Atshen et Mistapeu, puisque les deux s'étaient présentés sous les mêmes apparences de géant velu. Dans le présent récit, aucune confusion n'est cependant possible. Aiashesh reconnaît *Uteshkan-manitush* pour ce qu'il est, ce qui justifie parfaitement sa frayeur. Il sait hors de tout doute qu'il se trouve en présence du pire, soit le pôle négatif du cosmos, le côté sombre du monde. C'est la mort sans cérémonie funèbre, représentée ici par le prototype de ceux qu'on ne mange jamais, mais qui cherchent toujours à nous tirer vers le bas. Or il arrive que, contre toute attente, Uteshkan-manitush le prend sous sa protection, et ce sont les oiseaux-tonnerres, normalement favorables aux Innus, qui risquent cette fois de faire obstacle à cet imprévisible sauvetage en attaquant le protecteur de l'enfant. Uteshkan-manitush paraît d'ailleurs prendre très au sérieux son rôle inattendu de grand-père tutélaire, puisqu'il transmet à Aiashesh son pouvoir de maître du feu, rétablissant ainsi en quelque sorte la dimension « quête d'un protecteur » à ce qui n'avait été pour Aiasheu qu'une tentative d'assassinat travestie en rituel de passage.

La première personne qu'Aiashesh rencontra, après son retour de l'île, fut sa grand-mère. Étonnée de le voir devenu adulte, elle lui enseigna la façon de venir à bout des obstacles installés par Aiasheu pour empêcher le retour de son fils. Il s'agissait de trois objets usuels, auxquels il avait donné des dimensions gigantesques : son peigne transformé en forêt dense, sa résine devenue abondante et son broyeur à os ayant désormais les dimensions d'une falaise infranchissable. Les deux premiers, qu'Aiashesh devait littéralement traverser, nous rappellent les origines végétales de l'espèce humaine dont il est question dans le récit de Tshakapesh. On se souviendra surtout que, selon une des variantes, ce dernier avait transformé les testicules de son père mort en résine de conifère. Quant au broyeur à os, il suffira à Aiashesh de le contourner. Celui-ci apprit ensuite de sa mère qu'Aiasheu la traitait fort mal depuis qu'il s'était mis en ménage avec la jeune intrigante. On se souvient qu'Aiasheu la repoussait en lui lançant des tisons pris dans le feu domestique placé au centre de la tente. Des marques de brûlure sur son visage confirmaient ses propos. En utilisant ainsi le feu domestique pour la brûler, il la confondait plus ou moins avec un aliment. De la même façon que, en l'abandonnant sur l'île, il avait réduit son propre fils à l'état de nourriture pour anthropophages ou charognards, et plus précisément pour le maître du feu, soit le redoutable Uteshkan-manitush. Dans ce dernier cas, il s'agit bel et bien du feu naturel et dévastateur allumé par la foudre et non par l'homme. On se souvient qu'Uteshkan-manitush avait repris Aiashesh en lui rétorquant que son père était le véritable Uteshkan-manitush. Ce que confirmaient les mauvais traitements subis par sa mère. En extrayant des charbons ardents du foyer pour les lancer hors de la tente au visage de sa première épouse, Aiasheu avait donc opéré une inversion dramatique du feu domestique ; inversion n'ayant d'égale que celle par laquelle il avait changé en relation de violence ce qui devait être un rapport de filiation. Les ressorts fondamentaux du mode de production domestique, soit l'alliance et la filiation, avaient donc été altérés de façon irréversible. La suite des événements était on ne peut plus prévisible ; en raison du pouvoir dont Uteshkan-manitush l'avait investi, il suffirait simplement au fils d'inverser le processus élaboré par son père, en ramenant dans la tente et contre lui le feu que ce dernier avait lui-même ensauvagé en le détournant de ses fonctions domestiques. Il lui suffirait de chanter ! Mais quand son père l'invita à le faire, il refusa d'abord d'utiliser son nouveau pouvoir. L'insistance d'*Aiasheu* finit cependant par ne lui laisser aucun autre choix. Voilà donc que le feu entoura la tente et s'apprêta à se refermer sur elle, éliminant ainsi tous ceux qui s'y trouvaient, sauf évidemment Aia-

shesh et sa mère. Et comment ces derniers s'en sortiront-ils ? En
s'élevant le long de la verticale établie par les deux flèches déco-
chées conformément à la recommandation d'Uteshkan-manitush.
Quant à Aiasheu, son sort était tout aussi prévisible. À la suggestion de son fils, il s'inclura entièrement dans ce qui restait du festin de *pimi* (voir la note 9) servi par son père pour souligner le
retour de son fils devenu adulte. Après avoir traité ce dernier et sa
première épouse comme de la nourriture, c'est donc au tour d'Aiasheu de s'identifier à un aliment. Aiasheu est aussi temporairement
assimilé à ce mets sophistiqué qui, sous l'action du feu dévastateur
envahissant la tente, se transforme en un lac de graisse, dans lequel
les animaux d'« hiver » viennent chercher la couche grasse *(uin)*
qui les protégera du froid. Ce qui revient à dire que le *pimi*, mets
cuisiné, se transforme en ce qui peut être défini comme son
contraire, soit une graisse naturelle produite sans intervention
humaine. Comme le feu *domestique* avait donné le *pimi*, le feu *sauvage* produisit l'*uin*. Aiasheu périt à cause d'une perversion de la
culture à tous les niveaux, perversion qu'il avait lui-même déclen-
chée en travestissant son projet d'infanticide en rituel de passage.

Le dérapage de l'institution familiale, qui devait assurer la production économique et la reproduction sociale, conduit ainsi à
l'anéantissement du mode de vie. Mise sens dessus dessous, la culture a basculé dans la nature. Après s'être élevés au-dessus de l'incendie de forêt, le fils et sa mère seraient devenus des oiseaux. Si
François Bellefleur fut encore ici très allusif, il en va tout autrement des trois variantes recueillies à Sheshatshit en 1967
(variantes 3, 4 et 5). Elles précisent en effet que la femme devint
un oiseau migrateur (« merle d'Amérique », *pipitsheu*, *Turdus
migratorius*), tandis que son fils se transforma en oiseau non
migrateur (« buse pattue », *Nûtshineueshu*, *Bulteo lagopus*). Il
s'agit d'un « animal d'hiver » dans le second cas et d'un « animal
d'été » dans le premier (Mailhot et Bouchard, 1973, p. 57).

Ce type de transformation du fils est cependant vaguement
évoqué dans le récit de François Bellefleur. On se souviendra que
sa métamorphose était déjà assez avancée lorsqu'Aiashesh revint

chez lui, au point où sa propre mère en avait été quelque peu ébranlée ; interpellée par son fils pendant qu'elle coupait du bois en forêt, elle l'avait cherché des yeux un moment. Puis, apercevant une mésange à tête brune *(pitshikeshkeshîsh, Parus hudsonicus)*, elle avait d'abord cru avoir été victime de son sens de l'ouïe. Elle s'était finalement rendue à l'évidence : il s'agissait bel et bien de son fils. Il était devenu ce que les Innus placent dans la catégorie des animaux d'hiver, comme le merle d'Amérique des conteurs de Sheshatshit et à l'inverse du jeune chasseur du second récit, qu'un groupe de bruants migrateurs (animaux d'été) avait fini par assimiler.

Ce récit prend donc fin en début d'automne, au moment où le jeune héros s'apprête à hiverner sur place, alors que sa mère est sur le point de migrer. Le destin d'Aiasheu, et celui de sa seconde épouse, selon certains des conteurs de Sheshatshit, va dans le même sens : sur les conseils de son fils, il disparaît en s'enfonçant dans la graisse cuite qui, soumise à l'action du feu, se transforme en graisse crue apparaissant sous la fourrure des animaux en prévision des rigueurs de l'hiver. Les animaux en question, selon notre récit, sont le castor, le lièvre, le phoque et le caribou, soit ceux qu'on peut voir à longueur d'année (animaux d'hiver), contrairement à Aiasheu qui a disparu à la veille de l'automne. Ce qui l'assimile aux espèces qui s'enfouissent en hiver et qui ne sont par conséquent visibles qu'en été ; c'est le cas de l'ours, de la marmotte, du crapaud, de la grenouille, du serpent, etc., tous considérés comme des « animaux d'été » *(ibid.)*. Or nous avons vu que les Innus classifient également la faune en fonction du degré de pouvoir maléfique qu'ils prêtent à certaines espèces. Dans la classe dite des *manitush* se retrouvent celles qui mangent les humains, et que ces derniers auraient dégoût à manger, comme les poux, les insectes, les grenouilles, les crapauds, les serpents, etc. *(ibid.,* p. 50). Il en va ainsi, on s'en souvient, du barbeau géant *(uteshkan-manitush)*. Le diagnostic du gardien du feu, qui, contre toute attente, porta secours à Aiashesh, était donc rigoureusement exact ; dans les circonstances, avait-il dit, c'est plutôt le père de ce dernier qui méritait d'être traité d'*uteshkan-manitush*.

Le gendre de son fils :
la chute aux enfers

« Nous devons abandonner Tsheshei, dirent-ils. Il est très vieux, le froid l'emportera. » Même son fils était déjà âgé. Or ce fils avait une fille, pour laquelle le vieux Tsheshei éprouvait du désir, lui qui ne pouvait même plus marcher. « C'est ça, leur dit-il, construisez-moi un abri en bois et abandonnez-moi ici. Ça m'ira comme ça. Mais ne le faites pas trop petit, pour que je puisse quand même bouger un peu tout en étant assis. » Quand la petite construction fut terminée, ils se dirent : « Maintenant, enfermons-le à l'intérieur. — Laissez-moi ma hache », demanda-t-il. Ce n'était qu'une hachette. « Bon, quittons-le maintenant », se dirent-ils. Puis ils se remirent en marche. Tsheshei resta assis pendant un certain temps. Puis il se dit : « Ils doivent être rendus bien assez loin. Si j'attends trop, je ne pourrai jamais les rejoindre. » Il pratiqua alors une ouverture dans un des murs de son abri, en sortit et se mit à suivre leurs traces, qui déjà étaient moins fraîches. Soudain, il vit un endroit où les siens avaient campé. Les traces devenaient de plus en plus fraîches. C'est qu'il s'était peu à peu transformé[1]. Sa démarche était devenue celle d'un jeune homme. Il arriva au site où les siens s'étaient arrêtés pour dormir et vit qu'on y avait fabriqué un arc. « J'aimerais bien en avoir un comme celui-là », pensa-t-il. Aussitôt il en eut un à la main. En

continuant à marcher, il nota que les traces laissées par les siens continuaient à être de plus en plus fraîches. Ayant atteint un autre endroit où ils avaient dormi, il vit, aux trous carrés laissés dans la neige, qu'ils y avaient fait figer de la graisse d'os de caribou[2]. « Ah ! que j'aimerais avoir de cette graisse ! », se dit-il. Aussitôt il sentit son sac à dos s'alourdir. Il se remit en marche en se disant : « Cette fois, je les rejoindrai. » Tout en marchant, il trouva un autre indice de leur passage : ils avaient uriné dans la neige. « Je souhaite pouvoir en faire autant », se dit-il. Et aussitôt il ressentit le besoin d'uriner, ce qu'il fit sur-le-champ[3]. « Me voilà maintenant tout près du but », pensa-t-il.

Ils étaient plusieurs campés sur un très grand lac gelé. Les tentes formaient une longue ligne. Certains le virent venir d'assez loin. « Un étranger nous a suivis », dirent-ils aux autres. Ceux-ci regardèrent à l'extérieur de leurs tentes. Il portait un arc à l'épaule et avait la démarche d'un jeune homme. Parvenu au milieu de la ligne des tentes, il dit : « Holà ! Devrais-je passer tout droit sans m'arrêter ? Mon père m'a conseillé d'offrir ma graisse cuite de caribou quand j'entendrais dire qu'il y a des femmes à marier. Voilà ce qu'il m'a dit, quand je l'ai laissé mourir de froid. Il ne pouvait plus marcher tant il était vieux. — Nous n'avons pas de filles, se fit-il répondre. — Ça signifie que je ne devrais pas m'arrêter ? » On lui répondit : « Le seul ici qui a une fille à marier a dressé sa tente de l'autre côté de la pointe, là-bas. — Ah ! Après tout, ce serait peut-être mieux que je passe tout droit. » On lui répéta que les seuls qui avaient une fille célibataire étaient campés de l'autre côté de la pointe[4]. L'homme en question était justement devant sa tente en compagnie de sa femme et de sa fille. Quand le visiteur [Tsheshei] passa devant chez lui, il [son fils] se retira dans sa tente en disant : « Si on a affaire à moi, on n'a qu'à venir me trouver. » C'est à ce moment-là seulement que Tsheshei fit demi-tour en direction de la tente de son fils. Après avoir enlevé ses raquettes, il accrocha sa charge de graisse à un tronc d'arbre, feignant ainsi de ne s'arrêter que pour un moment. Mais il n'avait qu'une idée en tête, celle d'épouser sa propre petite-fille.

Il entra, s'assit et dit à cette dernière : « Va chercher ma graisse. » Elle sortit et se dirigea vers le tronc d'arbre. « J'espère qu'elle n'arrive même pas à soulever ce colis », se dit-il. Son vœu se réalisa. *« Maman, cria la jeune fille, c'est impossible. — Tu n'as qu'à couper l'arbre »,* lui lança Tsheshei. La mère rejoignit sa fille à l'extérieur, mais elle fut tout aussi incapable de prendre le sac de graisse. *« Coupez l'arbre ! »,* répéta Tsheshei. Comme elles entreprenaient de couper l'arbre, Tsheshei pensa en lui-même : *« Si seulement le colis de graisse pouvait s'enfoncer dans la neige. »* Effectivement, dès que l'arbre fut abattu, le tout disparut dans la neige. Les deux femmes durent le rouler jusqu'à l'entrée de la tente. Tsheshei ne voulait pas que son « beau-père » [en réalité, son fils] touche à la graisse. Il s'avança vers l'entrée de la tente, mit un genou au sol et d'une seule main entra le colis, tout en soulignant qu'il n'y avait rien là de très difficile. *« Le colis que j'ai laissé derrière moi était beaucoup plus gros,* déclara-t-il. *Il contenait la viande d'un caribou que mon père avait tué. Celui-ci vient d'un jeune caribou. »* Il découpa le pimi en morceaux et les personnes âgées furent conviées à un festin. Assises en cercle sous la tente, elles se mirent à manger. Certaines d'entre elles le reconnurent : *« C'est Tsheshei. Il ressemble en effet à celui que nous avons connu dans notre jeunesse. »* Ces remarques agacèrent un peu leur hôte [soit le fils de Tsheshei], qui protesta en ces termes : *« C'est absurde. C'est mon gendre et je suis son beau-père ! Allez, mangez donc ! »* Le visiteur revint à la charge : *« La graisse que voilà est bien peu en comparaison de ce que j'ai dû laisser derrière moi. Il y en avait tellement ! Ah ! si on pouvait tout récupérer. — Nous serions bien portants »,* de renchérir les vieux. Craignant soudain qu'ils aillent chercher la graisse qu'il ne cessait de se vanter d'avoir laissée derrière, Tsheshei y alla d'une suggestion pour faire diversion : *« Pourquoi n'irions-nous pas chasser le caribou ? C'est ce que j'ai fait l'automne dernier pour avoir des panaches de jeunes bêtes ; j'en avais besoin pour fabriquer des pointes de flèche. Même s'il y avait très peu de neige, je n'ai pas eu de difficulté à en attraper. Alors, maintenant que la neige est abondante, ce sera encore plus facile. — Voilà un jeune chasseur qui nous évitera de mourir de faim. Allons aux caribous »,* dirent-ils. Tsheshei leur demanda ensuite : *« Pourquoi avoir construit un abri là-bas ? J'ai suivi vos traces. C'est de là que j'arrive. — C'était pour le Tsheshei, dirent-ils. Il est mort de froid. C'est qu'il ne pouvait plus bouger. Il était très vieux. Voilà. C'est lui que nous avons abandonné là-bas. — Mais il n'y est plus, dit Tsheshei. La cabane était percée. Ce doit être les martres. La cabane que vous aviez construite n'était pas assez solide. Les martres l'ont déjà emportée. — Pourtant, je pensais bien l'avoir faite solide », répondit le fils de Tsheshei.*

Le lendemain, ils se mirent en route. Ce jeune homme était devenu leur chef de file. Quand vint le soir, ils campèrent. Avant de s'arrêter, ils avaient vu une cabane de castor. « Demain, nous irons aux castors, dirent-ils. C'est ça, mes amis. Et vous me laisserez me charger de la cabane. — Mais pourquoi donc?, demandèrent-ils. — Parce que la cabane est très gelée, répondit Tsheshei, ce sera difficile de la percer. Mais comptez sur moi, j'y arriverai[5]. » C'est ainsi que, le lendemain, ils partirent chasser le castor. Arrivés sur les lieux, ils s'arrêtèrent tous à différents endroits sur la glace, de façon à former un cercle autour de la cabane. Sauf Tsheshei, qui s'approcha de celle-ci et y pratiqua une ouverture. Chacun de ses partenaires perça la glace là où il s'était arrêté. Le trou fait par Tsheshei était plus gros que ceux des autres. À l'intérieur de la cabane, il faisait très chaud. Avant d'y entrer, il avait retiré ses vêtements[6]. Durant toute la journée, les autres travaillèrent au froid sur la glace. Quant à lui, dès qu'il entendait quelqu'un s'approcher, il lançait hors de la cabane des bouts de bois rongés par les castors, pour laisser croire aux autres qu'il avait fort à faire. « C'est vraiment très difficile, disait-il à haute voix pour que les autres l'entendent. C'est très vaseux ici. » Personne n'alla vérifier ce qu'il faisait. Le soir venu, après qu'ils eurent tué tous les castors, l'un d'eux alla le trouver en disant : « Voilà, mon ami, on en a fini avec eux. » Tsheshei rétorqua : « Non, il en reste encore deux. Ils viennent tout juste de sortir. » Chacun retourna rapidement à son trou et attendit. Tsheshei en profita pour enfiler ses vêtements. Celui qui était venu lui parler revint en disant que personne n'avait vu de castor. « Ah ! Ce devait être un rat musqué, dit Tsheshei. Effectivement, la tête était assez étroite. » Après quoi, il sortit de la cabane. La soirée était déjà avancée. Il faisait noir. Ils se demandèrent lequel d'entre eux pourrait les guider jusqu'au campement. Quelqu'un suggéra Tsheshei. « Bien, je vous ramè-

nerai chez vous », dit celui-ci. *On lui donna sa part, soit un castor, et le groupe se mit en marche. Ils empruntèrent un raccourci. L'un d'eux, qui marchait juste derrière lui, voulut à un certain moment l'aider en poussant sur son castor au moyen d'un bâton*[7]. *Mais Tsheshei marchait si vite que l'homme au bâton n'y arriva pas. « Notre ami est si rapide qu'il pourrait bien nous laisser derrière lui, dirent-ils. — Oui, c'est ce qui va arriver », répondit Tseshei. Mais comme il marchait très vite, la fatigue commença à se faire sentir. Lorsqu'il fut à bout de force, il laissa intentionnellement tomber sa hache et commença à compter ses pas. Soudain, prétendant avoir oublié sa hache près de la cabane de castor, il rebroussa chemin en disant : « Je vais aller la chercher ». Ils étaient rendus très loin de leur point de départ et la nuit était très avancée. « Tu iras demain, lui dirent-ils. Demain, nous ne voyagerons pas. Ce sera congé. — Mais vous n'y pensez pas ! Les martres la rongeraient. J'y vais. Vous n'avez qu'à continuer. » Ils le laissèrent là. Alors, il enleva ses raquettes et les envoya seules. Elles voyagèrent par elles-mêmes et feignirent même de creuser pour trouver la hache. Quant à lui, il n'eut qu'à faire quelques pas pour récupérer celle-ci. Pour ce qui est des raquettes, elles lui revinrent très vite car elles étaient rapides. Après les avoir chaussées, il suivit les traces des autres et arriva au campement quelques instants seulement après eux. « Notre ami n'est certainement pas allé chercher sa hache, dirent certains. Vous irez vérifier demain. » Le lendemain, en allant chasser le porc-épic, l'un d'eux retourna à la cabane de castor et rapporta aux autres qu'il y était vraiment allé, même si c'était très loin.*

Le soir même, sa femme fit bouillir de la tripe de castor. C'est ce qu'on lui servit comme repas. À l'insu des autres, il avait déjà fabriqué en cachette quelque chose dans du charbon de bois. Alors, s'adressant à sa femme, il lui dit : « Je me demande bien lequel de nous deux est plus jeune que l'autre. Le premier qui aura fini de manger son bout de tripe sera déclaré le cadet de l'autre. Commence. » Elle se mit à mâcher, mais ne réussit qu'à couvrir la tripe de marques de dents. « À ton tour », lui dit-elle. Comme sa mastication était efficace, il parvint rapidement à tailler la tripe en morceaux[8]. *« Ah ! C'est vraiment toi le plus jeune », dit-elle. Il en éprouva une grande fierté.*

Le lendemain, ils voyagèrent encore toute la journée. Vers le milieu du jour, sa femme lui fit une confidence : « Quand je vois les femmes nourrir leurs bébés au sein, je les envie beaucoup. — J'ai compris, dit-il. Dès ce soir, pendant que j'irai au porc-épic, tu installeras une tente à part pour nous deux. — Bien ! », répondit-elle. Lorsqu'ils s'arrêtèrent pour la nuit, Tsheshei s'éloigna pour chasser le porc-épic. Elle dit alors à sa mère : « Il m'a demandé de préparer une tente pour nous deux. — Alors, fais ce qu'il t'a demandé », lui dit sa mère. Plus tard dans la soirée, celle-ci fit cuire un jeune porc-épic rapporté par Tsheshei[9]. Ce dernier mit de côté l'intestin du jeune porc-épic. Et lorsqu'ils furent seuls, vers neuf heures, il dit à sa femme : « Alors, tu me disais donc que ça te faisait envie de les voir donner le sein à leur bébé. » Il tailla un long bout de bois et, tout en regardant sa femme, se mit à le ramollir un peu. Elle se demandait bien ce qu'il était en train de fabriquer. « Allons-y maintenant ! », dit-il en s'approchant d'elle. Soudain, elle hurla de douleur. « Mais ce n'est pas un pénis, c'est un bâton, dit-elle. — Allons donc, un bâton ! Ne sais-tu pas que le pénis d'un jeune homme est toujours aussi rigide ? C'est simplement ça qui t'arrive. » Soudain, ils furent interrompus dans leurs ébats par la mère, qui arriva avec le porc-épic bien cuit. « Voici le porc-épic, dit la belle-mère. — Hein ? Que dit-elle au sujet des dents ? demanda Tsheshei. — Il n'est pas question de dents mais de porc-épic, de dire les femmes. — Ah bon ! Le porc-épic ! Oui ! Oui ! Le porc-épic, c'est ça », fit-il[10].

Le lendemain, ils voyagèrent encore toute la journée. Le soir venu, ils découvrirent une piste de caribou. « Laissez-moi le jeune caribou, leur dit-il, j'en ai besoin pour mes pointes de flèches. — On te le laisse, il est trop rapide pour nous, lui dirent-ils. — Ce sera un jeu d'enfant pour moi. L'automne dernier, lorsque j'ai eu à en chasser pour mes pointes de flèches, ils soulevaient la terre en courant, tellement il n'y avait pas de neige. Mais maintenant qu'il y a beaucoup de neige, ce sera chose aisée. » On ne voyait pas encore de caribous. Ils se tenaient loin car ils avaient senti les hommes. Ceux-ci poursuivirent le troupeau. Celui qui courait en tête forçait Tsheshei à ralentir. On le lui reprocha et il le laissa passer devant. Tsheshei courait si vite que les gens craignaient de le perdre de vue. « Ah ! Si un jeune caribou à bout de souffle pouvait bien se détacher du troupeau », pensa Tsheshei. Effectivement, un jeune caribou à bout de souffle quitta le reste des caribous. « Je vais lui courir après », cria-t-il aux autres. Celui qui le suivait de près dit : « Je t'accompagne. — Quoi ? dit Tsheshei en se retournant. — Je disais que j'allais avec toi. — Mais pourquoi donc ? Il n'y a qu'un seul caribou. Tu ferais mieux de poursuivre le reste du troupeau avec les autres. » Tsheshei souhaita ensuite que son jeune caribou s'arrête un peu pour reprendre son souffle. Ce que cette bête à bout de souffle ne tarda pas à faire. Tsheshei en fit autant. Mais, après un moment, l'animal repartit de plus belle. Après l'avoir contourné, Tsheshei parvint néanmoins à le tuer. Il n'en prit cependant que le panache et s'empressa de retourner immédiatement au campement.

Les femmes n'avaient même pas encore monté la moitié des tentes. Le voyant sortir de la forêt, elles s'exclamèrent d'admiration : « Notre ami est déjà de retour. Quand les autres arriveront, ils seront épuisés ; nous devrions le ravir à sa femme. » À ces mots, sa jeune épouse se mit à pleurer. « Pourquoi pleures-tu ainsi ? lui demanda-t-il. — Elles veulent te voler à moi. — Jamais on ne m'éloignera de toi », répondit-il. Il s'installa ensuite à l'extérieur pour travailler ses pointes de flèche, mais bientôt il eut froid. Sa belle-mère lui offrit une peau de jeune caribou ayant encore ses poils. « Couvre-toi, si tu as froid. Il y a à peine un instant, tu étais en sueur », lui dit-elle. Il s'enveloppa dans cette peau de caribou, ce qui le réchauffa. Les autres arrivèrent tard ce soir-là. Ils avaient tué du caribou. « Votre ami est revenu depuis longtemps, leur firent remarquer les femmes. Nous n'avions même pas fini de dresser le campement quand il est revenu. » Tsheshei était très fier d'entendre leurs commentaires à son sujet. Le lendemain, ils levèrent le camp à nouveau et allèrent s'installer près de l'endroit où ils avaient laissé leurs caribous abattus[11]. Ces derniers furent tous transportés au nouveau campement. Il faisait très chaud ce jour-là. Les femmes faisaient la corvée de préparation des peaux. Pendant que sa jeune épouse travaillait avec elles, Tsheshei s'endormit à ses côtés, la bouche toute grande ouverte. Or,

constatant qu'il n'avait pas une seule dent, elle éclata en sanglots.
« Mais qu'as-tu donc à tant pleurer ainsi ? demanda-t-il en s'éveil-
lant. — Je sais maintenant que tu es Tsheshei. Tu n'as plus une seule
dent ! lui répondit-elle. — C'est faux. La vérité, c'est que je mâche de
la gomme de conifère et que mes dents en sont couvertes. » Il sortit la
gomme de sa bouche et dit : « Voici ce qui recouvrait mes dents. C'est
pour cela qu'on ne pouvait pas les voir. — Tu es Tsheshei ! », dit-elle
en continuant à pleurer. Alors, il déclara ce qui suit : « Lorsque tu
voyageras en groupe, ne prends jamais de retard sur les autres. »
Après quoi, il s'engouffra dans la terre.

Après ces événements, elle faisait bien attention de ne jamais
marcher la dernière. Comme on était au début du printemps et que
la fonte des neiges avait commencé, il arriva un jour qu'une courroie
de ses raquettes se détacha. Sa mère l'attendit pendant qu'elle la
fixait. Par la suite, ce fut une courroie de son traîneau qui lui causa
plusieurs problèmes. Chaque fois, il lui fallut s'arrêter pour la
remettre en place. Ensuite, les courroies de ses raquettes recommen-
cèrent à lâcher. Mais, comme ils étaient presque rendus au campe-
ment situé derrière une petite pointe, sa mère passa devant elle. Après
quoi, une de ses raquettes se détacha à nouveau. Même s'ils étaient à
deux pas de leur tente, on décida de l'attendre. Elle tardait cependant
à apparaître. « Où est-elle donc ? », demanda son père à sa mère.
« Elle est juste là, derrière la pointe. C'est là que je suis passée devant
elle. » Ils allèrent la chercher et découvrirent que Tsheshei l'avait
étranglée au moyen de la corde dont elle se servait pour tirer son traî-
neau. Et il vécut avec elle pour toujours.

Le récit de François Bellefleur se termine comme la variante de Nutashkuan (2) : le héros disparaît sous la terre, après avoir entretenu durant quelque temps une relation incestueuse avec la fille de son propre fils. Deux autres performances de la Basse-Côte-Nord (2 et 3) sont beaucoup plus explicites : Tsheshei se serait transformé en crapaud. Ce qui, on le verra bientôt, revient en quelque sorte au même.

Métamorphose de Tsheshei

Selon la variante de Sheshatshit (4), trois jeunes filles s'étaient rendues dans une île pour y cueillir des baies, quand l'une d'elles commença à s'enfoncer dans un marécage. Ses copines s'empressèrent alors d'alerter des gens pour lui venir en aide. Mais, quand ils arrivèrent, on ne voyait plus que la moitié supérieure de la pauvre fille. En tentant de l'extraire de la vase, ils ne parvinrent qu'à arracher la main de l'*homme-crapaud* qui la tirait vers le fond. La main se ressouda aussitôt à l'avant-bras, et la fille disparut, engloutie par la boue. Le soir venu, son père pénétra dans la *tente agitée* où l'*homme-crapaud* vint lui apprendre qu'il était le ravisseur de sa fille[12]. « Elle ne vieillira jamais et sera toujours heureuse avec moi, dira-t-il. Restez toujours autour de ce grand lac. » Le père promit de ne jamais quitter la région. L'homme-crapaud ajouta que ce lieu se nommait *Puestakapiskau* (ou *Petshiskapuskau*). Un autre récit entendu à Sheshatshit (variante 5) relate des événements assez semblables, précisant toutefois que le père aurait été informé en rêve de ce qui devait arriver à sa fille. Il avait alors déjà pu voir les mains et le visage du ravisseur, qui lui sembla être un Anglais. Quand le rêve se réalisa, la victime remarqua que les mains de l'agresseur étaient très blanches. Le père passa le reste de sa vie autour de ce lac. Un jour, il aperçut de loin sa fille. Elle portait un enfant dans ses bras. Son mari était un Blanc. Mais, quand il voulut s'en approcher, ils disparurent mystérieusement. Le récit se termine ainsi : « Le nom de cet endroit est *Pestakapiskau*[13]. C'est là qu'ils vivaient, dit-on. Depuis ces événements, il ne faut jamais indiquer cet endroit en le montrant du doigt, de peur de causer le mauvais temps. » Nous verrons que toutes ces variantes, même celles ne mentionnant pas l'espèce de crapaud comme telle, multiplient les allusions à ce que nous pourrions qualifier de prédispositions du personnage à son ultime métamorphose.

Mue, régénération et longévité

La biologie nous enseigne que, chez le crapaud, un membre amputé peut se régénérer. Le Larousse définit le phénomène de la façon suivante : « Reconstitution par un organisme vivant des parties dont il a été amputé accidentellement. » D'où la main du personnage anglais qui reprend sa place après avoir été arrachée. On sait aussi que le crapaud change de peau. En ce qui concerne la mue, elle serait plus fréquente lorsque l'animal est jeune, soit de douze à quinze fois par année ; à l'âge adulte, elle survient au moins quatre fois par année (Vincent, 1973, p. 73 ; Mélançon,

1950, p. 82). D'où la croyance largement répandue concernant la pérennité des crapauds et autres batraciens, que semblent d'ailleurs renforcer d'autres données biologiques[14]. La régénération, la mue, la longévité, peut-être aussi la capacité de se priver assez longtemps de nourriture, seraient à l'origine de cette réputation d'immortalité dont jouissent les crapauds, les reptiles et d'autres animaux à sang froid. On se souviendra de la variante selon laquelle la nouvelle épouse de l'homme-crapaud vivrait heureuse sans jamais vieillir. Selon la cosmologie mésopotamienne, le serpent serait devenu immortel après avoir avalé la plante que Gilgamesh était allé chercher au bout du monde, dans l'espoir de faire revivre son ami Enkidu. L'Ancien Testament a conservé cette image d'un serpent responsable de la perte d'immortalité du premier couple humain.

Habitat estival et hibernation

Les crapauds affectionnent les lieux humides à l'abri du soleil, tels les marécages et les étangs peu profonds. À ce sujet, un biologiste écrit qu'« en automne [...] la grenouille rampe dans un endroit protégé ou s'enfonce dans le sol [...]. La profondeur de cet enfoncement varie, selon qu'il s'agit du fond d'un étang, sous des billots ou des pierres, ou encore de jardins ou de champs » (Dickerson, 1969, p. 16). C'est bien dans ce genre d'habitat que l'homme-crapaud des récits de Sheshatshit entraîna la fille (variantes 4 et 5). Ces endroits évoquent aussi assez bien la position de Tsheshei lors de la chasse collective aux castors. On se souvient qu'il inventa les prétextes les plus mensongers pour se blottir dans la cabane de ces animaux, pendant que ses partenaires se faisaient geler sur la glace pour attraper les castors en fuite. Selon la seconde variante, où il chasse seul, le héros diminue sa taille pour passer dans le tunnel souterrain inhérent à l'architecture de ce repaire. Nous verrons plus loin la façon dont il s'y prit alors pour attraper les castors. Tournons-nous maintenant vers le savoir zoologique innu. Le crapaud y est d'abord situé dans la classe des *manitush*, comme les poux (deuxième récit) et les barbeaux (troisième récit), auxquels il faudrait ajouter la mégafaune anthropophage que Tshakapesh avait éliminée pour faire place à l'espèce humaine (premier récit), de même que les divers types d'*atshen* dont il faut néanmoins continuer à se méfier (deuxième récit). Nous avons vu par ailleurs, en commentant le troisième récit, que le crapaud est défini comme un « animal d'été », puisqu'il disparaît durant la saison froide. En hiver, comme le savent nos biologistes, le crapaud se trouve *sous* nos pieds.

Refus de la condition humaine

Si la cabane dans laquelle on avait enfermé le vieux n'avait pas d'issue, c'est qu'il devait y finir ses jours à l'abri des charognards. Cette cabane évoque d'ailleurs certains types de rituels funéraires aériens dont il fut question à propos du premier récit. Mais Tsheshei avait évidemment autre chose en tête lorsqu'il demanda qu'on lui laisse sa hache. On sait maintenant qu'il s'empressa de quitter cette rampe de lancement végétale destinée à le propulser jusqu'à la voûte céleste. Depuis un bon moment, il était obsédé par son désir d'épouser sa petite-fille. Au lieu de mourir pour faire de la place aux nouveau-nés, il amorça un processus de rajeunissement. Son apparence devint celle d'un jeune chasseur, dans les mains duquel un arc et des flèches apparurent comme par enchantement. Le même miracle se produisit lorsque son sac à dos s'alourdit instantanément d'une imposante charge de *pimi*, ce symbole de la productivité des chasseurs dans la force de l'âge. Tsheshei ignorait cependant que, en refusant la mort, il se plaçait lui-même dans l'impossibilité non seulement de se nourrir (faute de dents bien aiguisées), mais encore de se reproduire (faute de pénis érectile) ; la reproduction et l'alimentation ne comptent guère pour les immortels[15]. Pour combler de telles lacunes, Tsheshei déploiera des efforts particulièrement loufoques. Ainsi, un bâton dans un bout de tripe animale lui tiendra lieu d'organe sexuel rigide. Il s'agit d'un procédé identique à celui qui lui permettra de simuler temporairement la dentition qu'il n'a plus. S'il parvient ainsi dans un premier temps à confondre sa jeune épouse, son insuffisance alimentaire finira par le trahir auprès des siens.

Cette référence à l'alimentation est à rapprocher de l'épisode de la chasse aux castors dans la variante de Nutashkuan, à laquelle j'avais promis de revenir. Rappelons que ce qui était une chasse collective dans le récit de François Bellefleur devient ici une activité individuelle et solitaire. Tsheshei diminue considérablement sa taille et plonge devant la cabane, afin d'y entrer par le tunnel subaquatique qu'empruntent les castors. Il se trouve alors face à l'anus d'un de ces derniers, dans lequel il s'engouffre en traînant derrière lui une longue corde. Passant près du cœur de la bête, il y mord à pleines dents pour la tuer. Puis, il répète l'opération avec tous les autres castors de la cabane, sans jamais abandonner sa corde. Après quoi, il en sort de la même façon qu'il y était entré, reprend sa taille normale et revient triomphant au campement. Le voyant arriver en traînant derrière lui le produit de sa chasse enfilé sur une corde, les femmes sont au comble de l'admiration devant un tel chasseur. Cette variante souligne donc elle aussi que, en choisissant l'immortalité, Tsheshei s'est mis plus ou moins en retrait non seulement de la reproduction, mais aussi de l'alimentation. Et, dans ce dernier cas, de façon très marquée. Nous sommes en effet en présence d'une inversion, en quelque sorte *à double tour*, du processus alimentaire : non seulement Tsheshei s'incorpore à son gibier au lieu de le manger, mais il inverse aussi le tube digestif en entrant par l'anus des animaux pour en sortir ensuite par leur gueule.

Sur le plan strictement biologique, le destin de notre espèce tient en peu de choses : naître, se nourrir aussi bien que possible, peut-être se reproduire et certainement mourir. N'ayant à se préoccuper ni de production ni de reproduction, les immortels peuvent s'adonner à satiété à la sensualité la plus gratuite, hors de toutes les contraintes inhérentes aux divers régimes matrimoniaux.

Par ailleurs, comme Zeus l'apprit à ses dépens en raison de la ruse de Prométhée, la nourriture devint le privilège des mortels. Rappelons ici l'attitude de Mistapeu envers la nourriture, lors de son séjour chez les préhumains (premier récit) ; il se contentait alors des parties du gibier jugées non comestibles par les futurs humains. Par la suite, comme les Grecs le font envers Zeus, les humains lui réserveront les parties non comestibles du gibier (rituel de suspension aux branches des arbres) (Detienne, 1972, p. VII-XVII).

Tel qu'on l'a vu, Tsheshei ne sera pas démasqué par suite de ses carences sexuelles, mais plutôt à cause de son insuffisance alimentaire. Cela se produisit justement lorsqu'il offrit au regard de sa jeune femme sa bouche ouverte de dormeur, aussi édentée que celle d'un crapaud. Il aura eu beau prétendre que ses dents disparaissaient sous la gomme de conifère qu'il mâchait, son cinéma était terminé. Il devait dorénavant suivre une direction opposée à celle ayant conduit Tshakapesh à s'identifier à l'astre de lumière. Ainsi disparaîtra-t-il dans l'obscurité froide et abyssale où séjournent les immortels généralement hostiles aux humains. Si le récit de François Bellefleur et la variante de Nutashkuan (2) ne mentionnent pas le crapaud comme tel, les formules auxquelles les narrateurs ont recours ne laissent aucun doute sur l'enfoncement du personnage. François Bellefleur se contenta de dire : « *Itshetau kamatshi* », que Matthew Rich traduisit par : « Il est emporté au fond de la terre. » Pour ce qui est de la variante de Nutashkuan, le texte publié se termine ainsi :

Nte	*katamashkamut*	*kue*	*kutauashkametsit.*
Là	dans la terre	il descend.	

Apu	*nipit*	*itanu*	*Tshesai.*
Ne pas	il meurt,	on dit,	Tsheshai.

Nte	*katameshkamukut*	*kutauashkametsit*	*tsitsini*
Là,	dans la terre,	il descend	avec son corps.

En quittant la cabane de bois où il devait mourir, Tsheshei n'avait pas le choix ; il devait se diriger vers un point du cosmos radicalement opposé à celui vers lequel une épinette blanche avait conduit Tshakapesh. On se souvient que, selon une des variantes de Sheshatshit, le père de la fille enlevée par l'homme-crapaud avait pu communiquer avec ce dernier par le truchement du rituel de la tente agitée. La trajectoire de Tshakapesh se confondait avec celle de la croissance des arbres. Si cette trajectoire a été amorcée dans un contenant végétal au ras du sol, c'est finalement un arbre mature qui conduisit le héros vers la lumière au sommet du monde. Il suffit d'inverser ce tableau pour obtenir la trajectoire de Tsheshei. L'existence de ce dernier débuta sans doute comme celle de tout être humain, c'est-à-dire au cœur d'une vieille souche, pour ensuite se prolonger au sein d'un groupe de parents pratiquant le mode de vie innu. Quand vint le temps de regagner les branches des arbres, pour assurer la reproduction de cette collectivité, il ira jusqu'à utiliser à contresens le rituel végétalo-funéraire, soit pour nier l'alternance des saisons et des générations marquant les étapes d'une vie humaine. C'est ainsi qu'il utilisera le bois et la résine dans une dérisoire tentative d'assouvissement d'un désir interdit par le régime matrimonial, fondé sur l'exogamie et l'alternance des générations. Le récit semble vouloir nous convaincre — c'est une règle du genre — que l'immortalité n'exclut pas nécessairement la mort ! Les humains seraient comme les arbres, et le destin des groupes qu'ils forment s'apparenterait à celui des forêts vives suspendues entre l'ombre et la lumière. Le rituel funéraire classique soulignait avec éloquence cette étroite parenté avec les arbres. En quittant l'abri de bois d'où il devait suivre la Voie lactée pour rejoindre le nouveau territoire de Tshakapesh, Tsheshei ne pouvait s'attendre à rien d'autre qu'à cette chute définitive dans la nuit froide et souterraine.

Cosmologie algonquienne :
échos eurasiens

En arrivant dans les Caraïbes en octobre 1492, Christophe Colomb était convaincu d'être aux portes de l'ex-royaume du Grand Khan. Une erreur attribuable, dit-on, à la sous-évaluation du volume de la Terre, courante dans les milieux savants depuis que Ptolémée en avait établi la rotondité. On mit quelque temps à comprendre qu'il s'agissait plutôt de terres nouvelles dont les Européens n'avaient jamais soupçonné l'existence. Ce qui n'était sûrement pas le cas des peuples vivant sur les rives occidentales du Pacifique, sans parler de ceux qui habitaient les Amériques depuis plusieurs milliers d'années. Nous reviendrons plus loin sur cette question de chronologie. Les Européens n'en ont pas moins utilisé encore longtemps de façon ambiguë l'expression *Indes occidentales*. Mais ce qu'on a appelé *l'erreur de Colomb* comportait néanmoins une certaine part de vérité. Car si, cinq siècles plus tard, la Chine et le Japon passent toujours pour constituer l'extrême limite orientale du continent eurasiatique, c'est en raison d'une certaine myopie fondée sur des relents séculaires d'européocentrisme, à l'origine du caractère encore superficiel de nos connaissances des civilisations américaines précolombiennes.

Pourtant, depuis quelques siècles, plusieurs observateurs furent fascinés par les continuités socioculturelles reliant les Amériques aux rives occidentales de l'océan Pacifique, depuis la mer d'Okhotsk jusqu'à la Nouvelle-Zélande, en passant par les mers du Japon, de Chine, des Philippines, etc. Mais une sorte d'embargo relativement efficace, dont l'examen nous éloignerait indûment de notre propos, a eu tendance à mettre en veilleuse de telles curiosités[1]. Il se pourrait donc que ne soit pas très loin le jour où il deviendra évident que ce serait persister dans une illusion d'optique que de continuer à réduire l'Extrême-Orient à la rive occidentale du Pacifique ; on ne peut plus concevoir sans les Amériques le tout dont parlait Foucher. C'est dans cette perspective que le présent chapitre entend modestement verser dans ce dossier quelques éléments de cosmologie algonquienne.

L'axe vertical du monde

Il ne s'agit pas ici d'enfoncer des portes ouvertes. L'existence d'un *axi mundi*, d'une colonne imaginaire du monde, est attestée depuis déjà un bon moment par les divers spécialistes des sciences de la religion. Mon objectif est simplement de mettre en lumière des liens de parenté apparemment plus que fortuits entre la cosmologie algonquienne, telle qu'elle se dégage de nos quatre récits, et les diverses cosmologies eurasiennes qui étaient encore en vigueur avant l'apparition de ces raz-de-marée que représentèrent le bouddhisme, le judaïsme, le christianisme et l'islam.

Dès le premier de nos quatre récits, cette verticale se présente sous la forme classique de l'arbre du monde, dans lequel Tshakapesh termine sa vie terrestre en s'élevant vers le ciel, à la façon des oiseaux, pour devenir source de vie et de lumière dans les sphères les plus élevées du cosmos. Il trace ainsi la voie aux humains voulant éviter le sort des défunts privés de rituel funéraire, soit une métamorphose en êtres plus ou moins chtoniens. Ce rituel funéraire s'apparente aux prescriptions à suivre lorsqu'il s'agit de disposer des restes du gibier, plus particulièrement des ossements : ceux des animaux terrestres doivent être accrochés aux branches des arbres, alors que ceux des animaux aquatiques doivent se retrouver sous l'eau. On se souviendra que ce héros avait échappé à quelques reprises à des *descentes* catastrophiques. Il avait d'abord quitté prématurément l'utérus de sa mère ; il avait ensuite été poussé au bas de la falaise par le monstre responsable de la mort de ses parents ; plus tard, un poisson l'avait avalé ; il avait ensuite failli être entraîné sous l'eau par des castors géants ; enfin, il avait évité de justesse d'être ébouillanté à mort, après une chute du haut d'une balançoire. Le second récit établit l'infrastructure rituelle permettant la communication entre les humains et ce royaume des défunts, d'où les nouveau-nés nous parviennent dans le cadre des grands cycles vitaux : alternance des saisons et des générations. Le héros se transforme finalement en oiseau d'été (lumière et chaleur), après avoir failli terminer son existence terrestre dans l'estomac d'anthropophages aux profondeurs froides et obscures du monde chtonien. Dans le troisième récit, l'axe vertical du monde se présente à peu près sous la forme typique qu'on trouve dans les Amériques : les oiseaux-tonnerres et Uteshkana-manitush, ce personnage cornu provenant du fond de la terre. On y trouve aussi, en fin de récit, un tir à l'arc vertical permettant au jeune héros de se transformer en oiseau pour échapper à l'incendie de forêt, tout en scellant par le bas le sort de son délinquant de père, qu'il force à disparaître en forme de graisse liquide sous la surface terrestre. Reste le quatrième récit, se terminant par la descente du vieux Tsheshei également sous la terre, après son refus du rituel funéraire qui l'aurait conduit, via la Voie lactée, dans les territoires où Tshakapesh veille encore au rajeunissement de son groupe, en laissant tomber sur les vieilles souches des pluies de nouveau-nés sous forme d'étoiles filantes. Quittons maintenant les Amériques pour explorer l'Eurasie.

Au début des années 1940, dans un ouvrage portant sur l'ensemble eurasien, le préhistorien Leroi-Gourhan adoptait déjà la démarche que préconisera Foucher quelques années plus tard. Il écrivait alors : « L'aire de répartition du thème oiseau-serpent est extrêmement vaste : sous son aspect le plus réaliste, il recouvre des périodes et des lieux aussi divers que la Grèce du VIe siècle av. J.-C., la Chine des Han, la France du XIe siècle, l'archipel de la Sonde, le Pérou précolombien » (Leroi-Gourhan, 1943, p. 72[2]). Au-delà de la grande complexité du panthéon japonais prébouddhique, on arrive à distinguer deux groupes de personnages hostiles les uns aux autres : l'un associé à l'épée, au feu, au tonnerre et aux éclairs, l'autre au monde aquatique sous la forme ou non de reptiles (Ouwehand, 1964, p. 57-58). En ce qui concerne l'Inde prébouddhique, les Nagas étaient des serpents vivant au fond des mers, des lacs et des rivières. Lorsqu'ils quittaient le monde des profondeurs, ils couraient le risque « d'être attrapés et tués par de gigantesques oiseaux, les Garudas (De Visser, 1913, p. 7). Uno Harva a signalé que certains peuples de la grande Sibérie « pensent, comme les Indiens américains, que le tonnerre est causé par un être ayant l'apparence d'un oiseau[3] ».

Venus des montagnes du nord vers la fin du IIIe millénaire avant notre ère, les Hourrites se seraient d'abord installés dans le nord du Kurdistan, aux sources du Tigre et de l'Euphrate. Au cours du millénaire suivant, ils se répandirent en Syrie et en Mésopotamie. Leurs récits seraient le fruit d'un syncrétisme d'anciennes cosmologies venues de l'est, du nord et de l'ouest ; ils pourraient constituer l'écho de divers imaginaires remontant à l'âge du bronze. On y parle d'une grande hostilité entre, d'une part, un dieu de l'orage et du tonnerre, régnant dans les hautes sphères célestes en compagnie de la lune et du soleil, et, d'autre part, Oullikoummi, né d'une pierre et ayant grandi dans la terre sombre (Vieyra, 1963, p. 80). Ce dernier prend parfois la forme d'un gigantesque serpent nommé Illouyanka (ou Illyanka[4]). Cet axe vertical se retrouve également dans la grande épopée mésopotamienne de la Création, qui met aux prises Marduk, dieu oiseau de l'orage et du vent, et Tiamat, déesse de la mer[5]. Pour ce qui est de l'homologue mésopotamien des oiseaux-tonnerres américains, sa présence est également bien établie : outre la référence précédente à Gaster, les commentaires de cet auteur sur le petit récit babylonien intitulé *Les Plumes d'emprunt* ne laissent subsister aucun doute sur la forme ailée du personnage :

[Ce conte] a pour sujet l'inimitié de l'aigle et du serpent ; cette inimitié traditionnelle serait, d'après la croyance populaire, causée par le fait que chacun se proclame immortel et que chacun se vante de se renouveler périodiquement, l'aigle par sa mue et le serpent en changeant de peau. Le rajeunissement régulier de l'aigle est mentionné dans la Bible (Ps. 102-5) : « Mon âme, bénis le Seigneur… C'est Lui qui comble ta vie de bienfaits, ta jeunesse se renouvelle comme celle de l'aigle » (Gaster, 1953, p. 71-84).

Dans l'ouvrage de Gaster, en plus d'une figure reproduisant un bas-relief de Nippur *(figure 12)*, les planches III et IV assimilent sans équivoque le rival de Tiamat à un oiseau[6]. Je ne connais pas de références américaines explicites quant à l'immortalité des oiseaux-tonnerres, encore que la chose pourrait bien aller de soi ; dans l'imaginaire autochtone américain, la cote des plumes d'aigle a toujours été et demeure encore aujourd'hui très élevée. Par ailleurs, l'immortalité des batraciens (serpents, couleuvres, crapauds, etc.), justifiée par leur mue, y est souvent formulée de façon aussi explicite que celle dont parle Gaster à propos des cultures issues de la tradition mésopotamienne.

En évoquant la très vaste répartition du thème *oiseau-serpent,* de la « Chine des Han » à la « France du XIe siècle », Leroi-Gourhan a écrit : « En Europe, il tend à être recouvert par le thème adapté par les chrétiens de la colombe au rameau » (Leroi-Gourhan, 1943, p. 72). Cette colombe, une des trois représentations de la divinité suprême des chrétiens, veille à ramener les mortels au ciel pour les y ressusciter, s'opposant en cela à Satan, souvent représenté dans l'imagerie chrétienne sous la forme d'un serpent cornu associé à l'enfer, où il rêve lui aussi d'attirer les humains pour l'éternité. Disons que la tentative de *recouvrement,* dont parlait

Figure 12. Combat entre l'aigle et le serpent en Mésopotamie : bas-relief de Nippur datant de près de 4 000 ans (Gaster, 1953, p. 73, fig. 2).

Leroi-Gourhan, n'a pas toujours eu le succès escompté. On retrouve en effet des traces de cette cosmologie dans un corpus de *mimologismes,* « ces petites phrases rythmées qui donnent forme et sens » aux cris des animaux et particulièrement aux chants des oiseaux, recueillis par Antonin Perbosc, au début du XXe siècle, dans plusieurs régions du sud de la France (Occitanie, Catalogne, etc.) (Perbosc, 1988). Dans une préface pénétrante, l'ethnologue Daniel Fabre a fait le rapprochement entre ces pratiques enfantines, explorant le langage des bêtes, et certains contes encore entendus dans ces régions. Ce qui a permis à Fabre de les relier à un ancien rituel de passage pour les garçons, au cœur duquel il trouvait une relation à trois termes : le garçon, les oiseaux et le serpent. À propos des deux derniers termes, qui nous intéressent plus particulièrement, il a écrit ce qui suit :

> Les deux espèces sont donc toujours placées dans des rapports ambigus d'attraction agressive que semble confirmer la réalité de leurs comportements. Le serpent est grand amateur d'œufs et d'oiseaux. Comme « il sort de terre » au printemps, il se plaît à vider puis à occuper les nids. Avec les rapaces, la relation est toute autre puisque, au contraire, ceux-ci donnent les serpents en pâture à leurs oisillons. Mais cette inversion est corollaire

d'un rapport de force bien particulier. Le serpent est, par excellence, un fascinateur [...]. Mais on dit aussi que « les aigles fascinent les serpents » de leur terrible regard solaire (Fabre, 1988, p. 19-20).

Enfin, à l'orée du XVIe siècle, la colombe chrétienne traversa l'Atlantique en compagnie des missionnaires français, pour se poser dans la vallée du Saint-Laurent. L'un des disciples de saint Ignace écrivit en 1631 que, pour les autochtones de cette région, « le tonnerre est un oiseau » (Le Jeune, 1672a [1632], p. 11). Mais c'est dans la relation des événements survenus l'année suivante qu'on trouve l'incident le plus significatif à ce sujet. Le 30 juin 1632, les missionnaires Le Jeune et Brébeuf recevaient au fort de Québec la visite de trois Amérindiens de la région du lac Nipissing. Ils y avaient accompagné un jeune interprète français revenant d'un long séjour parmi eux. Les prêtres en profitèrent pour montrer leur chapelle aux visiteurs. Voici comment ils rapportèrent l'incident : « Ils regardèrent tous fort attentivement. Jetant les yeux au ciel de l'autel, ils virent un Saint Esprit figuré par une colombe, entouré de rayons. Ils demandèrent si cet oiseau n'était point le tonnerre, car ils croient, comme je remarquai l'an passé, que le tonnerre est un oiseau. Et quand ils voient quelque beau panache, ils demandent si ce ne sont point des plumes de tonnerre » (*ibid.* [1633], p. 30).

Nous terminerons ce tour du monde à dos de serpent et à vol d'oiseau par un gros plan d'une manifestation d'art populaire japonais au milieu du XIXe siècle, c'est-à-dire là où le bouddhisme n'a pas eu autant de succès qu'ailleurs en Eurasie. En 1964 est parue une étude d'un corpus de représentations rudimentaires, sur papier ou sur bois, produites par des artistes amateurs japonais à la suite du fort tremblement de terre ayant secoué la région de Tokyo dans la nuit du 2 octobre 1855 (Ouwehand, 1964). Selon l'auteur, Namazu-e, l'être chtonien responsable du séisme, y est présenté sous les quatre formes suivantes : poisson-chat (ou poisson de vase), baleine, serpent-dragon et insecte (géant). Ouwehand

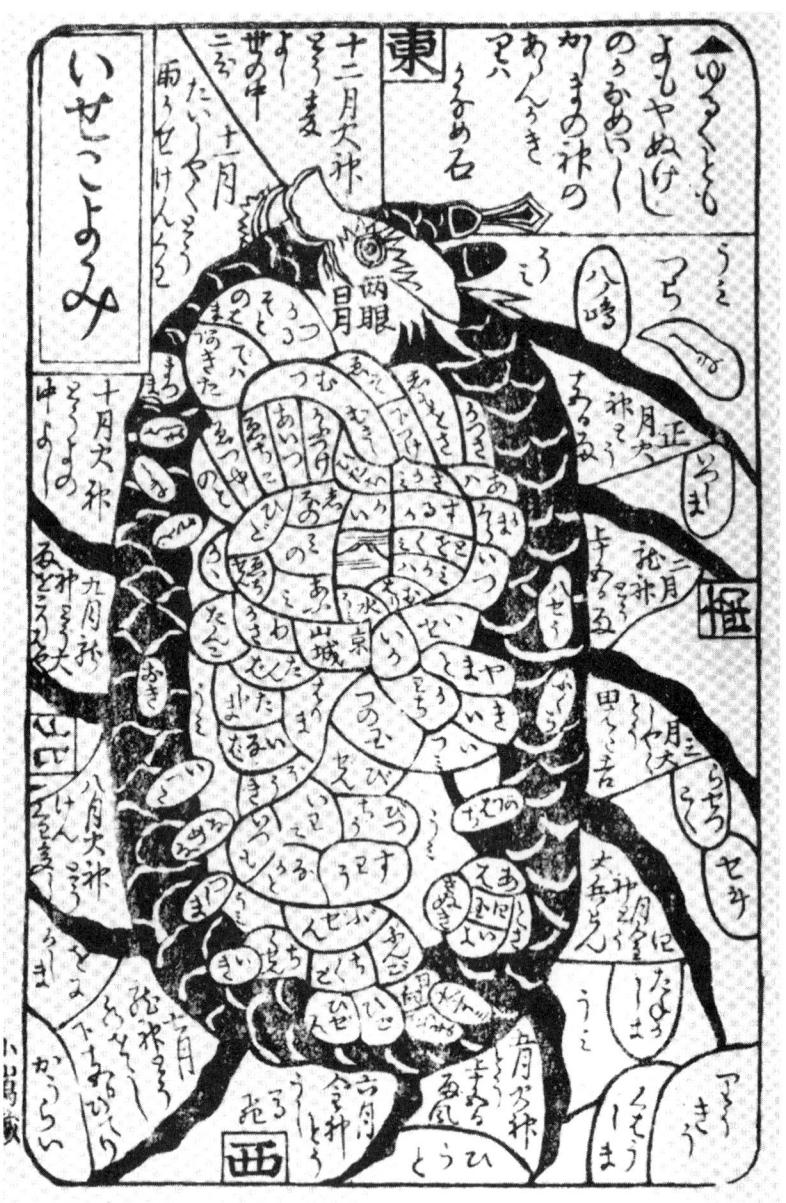

Figure 13. Insecte tenu jadis responsable des tremblements de terre au Japon *(Silurus japonicus)* (Ouwehand, 1964, planche XIV).

dépeint en ces termes le serpent-dragon : « un être étrange, que l'on pourrait décrire comme une sorte de serpent recouvert d'écailles ayant une tête de dragon ornée de pierres précieuses, des cornes, des excroissances qui ressemblent à des pattes tout le long du corps, et une pointe d'épée qui forme le bout de sa queue » (*ibid.,* p. 36-37). Pour ce qui est de l'insecte, Ouwehand renvoie à d'anciennes croyances populaires japonaises au sujet d'un serpent muni de pattes, parfois accompagné d'un insecte et résidant au fond de la terre. Le parallèle avec le troisième récit de François Bellefleur et ses variantes est assez saisissant. On se souvient de la liste des formes prises par l'être venu à la rescousse du fils d'Aiasheu : baleine ou poisson géant, serpent géant, monstre marin cornu et insecte géant *(Uteshkan-manitush) (figure 13).*

Rituel de chasse innu et Burushos

En commentant le premier récit, j'ai eu l'occasion de montrer que les sépultures aériennes et les rituels concernant les restes du gibier s'inspirent de la même conception verticale du cosmos. Les deux opérations ont un objectif semblable : assurer le remplacement des humains, dans un cas, celui du gibier, dans l'autre. Or les Innus racontent un épisode des aventures de leur version locale du célèbre Trickster algonquien, l'homme-carcajou, se rapportant justement aux soins avec lesquels on doit disposer des restes du gibier, plus particulièrement des os (Savard, 1971, p. 74-76, p. 90-91). En voici un résumé :

Carcajou voyageait le long d'un ruisseau, quand tout à coup Castor sauta à l'eau en frappant celle-ci d'un coup de sa queue plate. Carcajou lui demanda s'il avait peur de lui. Castor répondit qu'il ne voyait pas pourquoi il le craindrait, et l'invita à entrer chez lui. Une fois à l'intérieur, il lui offrit même à manger. Le Glouton répondit évidemment par l'affirmative. Castor fit venir son fils, lui donna un coup à la tête et le mit à cuire. Voyant cela, Carcajou se dit qu'il lui suffirait de faire la même chose quand il aurait faim. Quand la viande fut bien rôtie, Castor l'offrit à son invité, en lui recommandant de la manger sans en rien laisser et ensuite de lui remettre tous les os. Carcajou mangea toute la viande et remit à Castor tous les os, sauf une griffe qu'il accrocha à l'une des poutres de la cabane de Castor. Ce dernier remit à l'eau tout ce que Carcajou lui avait remis, et le jeune castor recommença à nager comme avant, sauf qu'il semblait éprouver quelque difficulté à se diriger. Castor en fit reproche à Carcajou, qui feignit l'ignorance. Le jeune castor réussit néanmoins à rejoindre la rive, où son père lui remit la griffe manquante. Après quoi, celui qui avait servi de repas à Carcajou se retrouva tel qu'il était avant d'avoir servi de repas à l'invité de son père. En partant, Carcajou invita Castor à venir le visiter. Et l'histoire continue en inversant les rôles. De retour chez lui, Carcajou se construisit une cabane dans l'eau et attendit la visite de Castor. Quand ce dernier finit par se présenter, Carcajou l'invita à entrer et à manger. Puis, il envisagea de tuer son propre fils pour le faire cuire. Castor l'arrêta. La mère de ce dernier reprochait à son mari de toujours vouloir imiter quelqu'un d'autre. Carcajou lui rétorqua que, autrefois, avant de l'épouser et d'être corrompu par elle, il pouvait faire à sa tête.

En cachant même une simple griffe, Carcajou se soustrayait à la prescription suivant laquelle tous les restes de ce gibier retournent au milieu aquatique. De plus, ce qui constitue un facteur aggravant, en accrochant la griffe à l'un des arbres soutenant la cabane de son invité, il s'adonnait à une confusion des genres ; ce sont les restes du gibier terrestre qu'on doit suspendre aux arbres pour en assurer le renouvellement. Ce qui nous ramène encore à l'axe vertical du cosmos.

L'intérêt de cet épisode du long cycle du Trickster algonquien, c'est que des récits similaires sont évoqués par Kevin Tuite dans un article sur le caractère manifeste de liens préhistoriques entre le Caucase et l'Asie centrale (Tuite, 1998). L'auteur s'attarde à l'un de ces récits, dont plusieurs variantes furent recueillies tant chez les Abkhazes, les Géorgiens, les Ossètes et les Tchétchènes du Caucase que chez les Buroshos, les Shinas et les Kakashas de l'Hindu Kush, dans le nord du Pakistan. Ce petit récit contient ce que Tuite appelle le *motif de la prothèse*. Sur la base de deux de ces variantes, l'une provenant de la province de Xevsureti, dans le nord-est de la Géorgie, et l'autre des Buroshos, dans le nord-ouest du Pakistan, l'auteur ramène l'histoire aux six éléments suivants :

a) un être humain (chasseur ou pasteur) observe des êtres surnaturels en train de faire un repas de viande d'ibex ou de chèvre ;

b) il subtilise et cache un des os de l'animal ;

c) les autres os sont rassemblés et placés (ou enveloppés) dans une peau ;

d) un des êtres surnaturels fabrique un os en bois qui remplace celui qui manque ;

e) il ressuscite l'animal qui aussitôt s'enfuit ;

f) plus tard, cet animal est capturé et tué par l'homme, qui découvre l'os en bois.

On notera que ces êtres surnaturels, à l'instar des esprits-maîtres algonquiens chargés des diverses catégories dans lesquelles les Innus répartissent la faune, ont le pouvoir d'assurer le renouvellement des animaux dont se nourrissent les humains. Pour y arriver, il leur suffit de fouetter la peau dans laquelle les os sont rassemblés (Géorgiens) ou de secouer le tout (Buroshos). Le remplacement de l'os manquant par une prothèse taillée dans le bois n'étonnerait sans doute pas les vieux Algonquiens, pour qui le renouvellement du gibier terrestre, comme celui des humains morts, a toujours passé par le contact avec les arbres de la forêt vive.

Scapulimancies algonquienne, toungouze et chinoise

L'examen des récits de François Bellefleur nous a permis de mettre au jour des liens de parenté d'abord avec d'anciennes traditions de pensée de l'Europe et du Proche-Orient, mais aussi avec des formes et des contenus artistiques et philosophiques de la

Sibérie et de ce qu'on appelle encore l'Extrême-Orient. Dans cette perspective, et même si les quatre œuvres innues présentées dans cet ouvrage n'y font pas explicitement allusion, il me paraît indiqué de mentionner un rituel divinatoire pratiqué encore tout récemment par les Innus et les peuples de langue toungouze de la région du fleuve Amour. Cette pratique consiste à soumettre à une source de chaleur intense un os d'animal plat, généralement une omoplate, en vue de le faire craquer. L'interprétation de la forme des craquelures permet ensuite la prédiction de l'avenir.

Dès leur arrivée dans la vallée du Saint-Laurent au début du XVIIe siècle, les missionnaires jésuites avaient pu observer cette pratique : « Ils mettent au feu un certain os plat du porc-épic, puis ils regardent à sa couleur s'ils feront bonne chasse » (Le Jeune, 1672a [1635], p. 25). Dans la première moitié du XXe siècle, des chercheurs trouvèrent des adeptes de cette pratique dans l'ensemble de la péninsule du Québec-Labrador (Speck, 1925b, 1977 ; Cooper, 1928, 1936) *(figure 14)*. Mes collègues et moi en avons nous-mêmes eu connaissance dans la région de Schefferville durant les années 1970. Au cours de la même décennie, l'Innu Michel Grégoire, de la communauté de Nutashkuan, avait raconté à l'anthropologue Richard Dominique que, lorsqu'il était enfant, les chasseurs utilisaient cette technique pour localiser le caribou (Dominique, 1989, p. 26). Pour le reste de l'Amérique, Speck n'avait trouvé que deux références à cette pratique : l'une chez les Kutchins d'Alaska, l'autre chez les Thlingchadinnes (Flancs-de-chien) de langue athapascane (Speck, 1977, p. 140).

Or, plusieurs auteurs ont déjà signalé la présence de cette forme de divination « chez des populations réparties entre l'Asie centrale et l'Inde, de l'Europe jusqu'au nord-est de l'Asie, tant chez des tribus anciennes que contemporaines » (*ibid.*, p. 129). La divination y servait à prédire décès, maladie, famine, abondance, visite, etc. Un examen des variantes à l'intérieur de cette vaste distribution eurasienne avait suggéré à Speck que les nomades d'Asie centrale étaient « les détenteurs originaux » de tels rites. Des recherches ont démontré que cette pratique était courante à l'époque pour laquelle l'historiographie chinoise commence à pouvoir compter sur une documentation relativement fiable, soit au temps de la période Shang (XVIe-XIe siècle av. J.-C.) (Gernet, 1972, p. 49-50). Ce qui laisse penser que le procédé aurait été en usage aux phases les plus anciennes de la tradition chinoise[7] (*figure 15*). Le caractère représenté à la *figure 17* correspond à la forme actuelle du mémographe représentant « la fissure provoquée par le tison chaud appliqué sur l'os ou la carapace de tortue au cours des pratiques ostéo ou scapulimanciques : cette *fissure* étant le "signe" à interpréter » (Ryjik, 1983, p. 213[8]). Les populations voisines des premiers Han pratiquaient sans doute cette technique divinatoire. C'est le cas des Orontchons de langue toungouze occupant le haut du fleuve Amour, qui s'y adonnaient encore dans la première moitié du XXe siècle (*figure 16*). Il en va de même des chasseurs de phoques inuits et des chasseurs de rennes chukchis et evenks du nord-est de la Sibérie (Serov, 1988, p. 249).

Ayant constaté la grande similitude entre les pratiques nord-américaines et celles de l'Asie centrale et de l'Asie du Nord-Est, Speck favorisait l'hypothèse suivante : « Outre la possibilité d'une diffusion relativement récente de traits asiatiques par le Pacifique Nord, il en existe une autre : la retention d'un même très ancien rite de chasse par les habitants de l'Asie et de l'Amérique du Nord » (Speck, 1935, p. 164). Cette idée fut reprise plus récemment par Chantal Zheng, qui parle de « la permanence d'un fonds commun à tout le pourtour du Pacifique » (Zheng, 1989, p. 25-26). On ne saurait mieux évoquer la continuité entre l'Asie centrale, les régions dites d'Extrême-Orient et le continent américain.

Et alors… ?

Si les vagues provoquées par le bouddhisme, le judaïsme et les nombreuses séquelles de ce dernier (dont le christianisme et l'islam) n'avaient pas encore atteint les Amériques quand Christophe Colomb y posa les pieds, c'est sans doute faute de temps. Deux

millénaires comptent pour bien peu dans l'histoire de l'occupa-
tion humaine en Eurasie. Durant ce laps de temps, les sociétés
américaines continuèrent à se construire à l'aide de paradigmes
qui étaient en perte de terrain surtout dans la moitié occidentale
de l'Eurasie, dont il est encore néanmoins possible de discerner
quelques débris fossilisés dans les nouveaux discours religieux
évoqués plus haut. Quels que soient les périodes et les lieux de
pénétration humaine en Amérique, on peut penser que les deux
rives du Pacifique furent longtemps le théâtre d'échanges de
toutes sortes et ont fini par constituer ce que les anthropologues
appelaient jadis une aire culturelle.

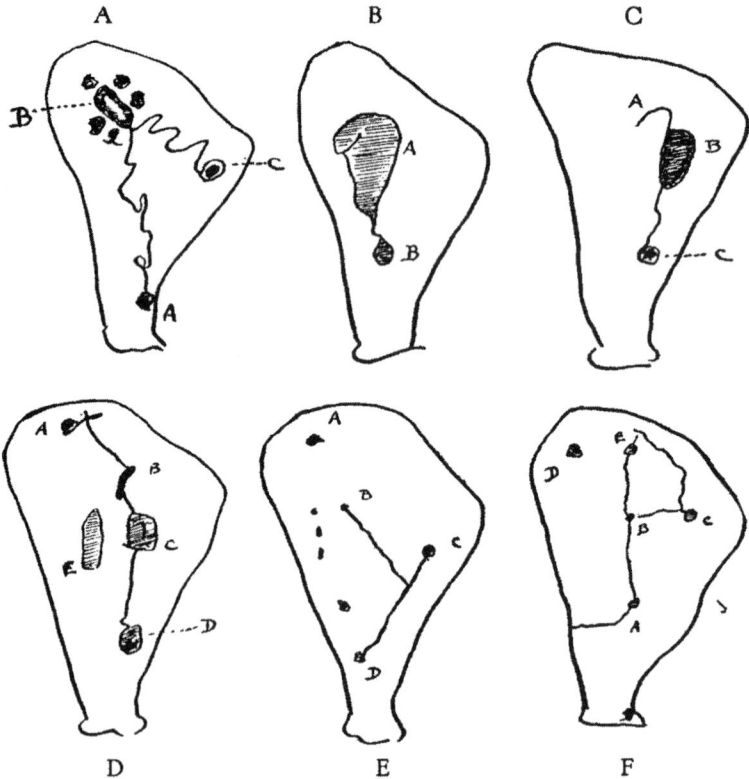

Figure 14. Scapulimancie innue au XXᵉ siècle (Speck, 1935, p. 159, fig. 17).

Figure 15. Scapulimancie han (second millénaire avant notre ère) (Needham, 1956, p. 348, fig. 43).

On continue à propager l'idée que les *premiers* arrivants auraient profité de la présence d'un pont terrestre, large de 16 000 kilomètres, entre la Sibérie et l'Alaska, causé par la baisse du niveau des mers au temps de la dernière glaciation. Ce qui est aujourd'hui remis en question n'est pas l'existence de ce phénomène, ni même le fait que des groupes aient pu *à un moment ou à un autre* en profiter pour pénétrer en Amérique. Cette théorie classique *de l'origine du peuplement* américain était justifiée par l'âge des sites archéologiques les plus anciens en Alaska (plus ou moins 12 000 ans). Or, depuis quelques années, il se trouve des chercheurs pour penser que le détroit de Béring aurait existé à nouveau à cette époque (Arutiunov et Fitzhugh, 1988, p. 117-118). Par ailleurs, plus on descend vers le sud des Amériques, plus les sites sont anciens. Les hypothèses de migrations maritimes parties de régions moins septentrionales de la côte du Pacifique, jadis discréditées, suscitent un intérêt nouveau. Selon Lydia T. Black, « [l]a partie inférieure du bassin de l'Amour et les provinces de l'Extrême-Orient soviétique [...] furent à une époque fort ancienne, selon toutes probabilités, un des points de départ de groupes d'Asiatiques mongoloïdes en direction de diverses régions du continent américain, et d'où de petits groupes continuèrent à s'étendre dans le nord-est de l'Asie beaucoup plus récemment » (Black, 1988, p. 24).

Se référant aux travaux de Black, l'historien américain Francis Jennings a laissé entendre que, aux phases les plus froides de la dernière glaciation, des embarcations auraient très bien pu, sans s'éloigner des rives de la Béringie, rejoindre le nord de la Californie. Le niveau des mers étant alors à son plus bas, Jennings suggère que ces marins auraient pu longer la chaîne des Aléoutiennes, dont chaque île était alors plus grosse et plus rapprochée des autres (Jennings, 1993, p. 28). D'autant plus que, selon Black, la construction de bateaux était assez développée chez les populations riveraines de la mer d'Okhotsk et du Pacifique (Black, 1988, p. 26). De cette façon, ces navigateurs côtiers auraient pu atteindre le nord de la Californie bien avant que s'amorce le retrait des

Figure 16. Scapulimancie orontchonne (toungouze) (Qiu, 1984, p. 122).

glaces recouvrant alors le territoire canadien, c'est-à-dire il y a 20 000 ou 30 000 ans. Leurs descendants auraient ensuite occupé progressivement l'espace habitable entre la limite sud du glacier et la Terre de Feu. Plus tard, la fonte des glaces aurait favorisé des déplacements de populations vers le nord, tout en ouvrant peu à peu le passage aux occupants de la Béringie, qu'un mur de glace avait peut-être jusque-là empêchés de progresser vers l'est. Si tel fut le cas, les sites qu'ils occupèrent se trouvent aujourd'hui sous le détroit de Béring, d'où les datations de 11 500 et 12 000 qu'ont livrées les sites archéologiques alaskiens disponibles. Ce qui n'exclut pas non plus que d'autres migrations maritimes aient pu avoir lieu dans la portion australe du Pacifique.

La perte de monopole de l'hypothèse du *pont terrestre entre la Sibérie et l'Alaska* permet donc aussi la reprise des débats sur la datation de l'origine du peuplement des Amériques qui s'y rattachait (12 000 ans). Dans cette perspective, et sur la base d'un examen de la diversité des langues amérindiennes, une linguiste en est arrivée à la conclusion que ce peuplement remonterait à des

Figure 17. Caractère chinois moderne signifiant « divination » (calligraphie de Lianqui Zhang).

époques plus anciennes, soit à 20 000 et peut-être à 40 000 ans. À la fin de son article, on trouve une note où elle signale que, au moment de mettre sous presse, elle apprenait la découverte en Australie d'un site archéologique datant de 50 000 ans. Ce chiffre, conclut-elle, nettement plus élevé que celui de 40 000 ans qu'elle avançait elle-même dans son article, appuie la thèse selon laquelle la colonisation du Pacifique Nord serait plus ancienne que l'on ne le croie généralement et rend plus plausible encore la thèse qui veut que la colonisation du Nouveau Monde se soit faite il y a plus de 40 000 ans (Nichols, 1990, p. 514, n. 10).

Nous sommes sans doute encore à la période des balbutiements en matière de connaissance de l'histoire des Amériques et des civilisations qui s'y sont développées durant plusieurs millénaires avant l'arrivée de Christophe Colomb. Quoi qu'il en soit, ce serait une grave erreur d'appliquer aux données du présent chapitre *(Cosmologie algonquienne : échos eurasiens)* un quelconque paradigme évolutionniste éculé, inspiré d'une vision narcissique de l'histoire des institutions et des idées en Europe de l'Ouest au cours des quelques derniers siècles. Sans pour autant nier les avancées dont nos sociétés peuvent à juste titre s'enorgueillir et dont d'autres n'ont pas manqué de profiter, qui peut affirmer que, pour sortir de certaines impasses dans lesquelles nous sommes présentement coincés, nous n'aurons jamais à revenir à des façons de penser et de faire ayant été prématurément rangées au sous-sol de nos musées, alors que d'autres sociétés auraient continué à les développer ? Les propos suivants, qu'écrivait l'anthropologue Michel de Certeau il y a plus d'un quart de siècle, n'ont rien perdu de leur pertinence : « Tout se passe comme si les chances d'un renouveau sociopolitique apparaissaient aux sociétés occidentales sur leurs bords, là où elles ont été les plus dominatrices. De ce qu'elles ont méprisé, combattu et cru soumettre, reviennent des alternatives politiques et des modèles sociaux qui, peut-être, vont seuls permettre de corriger l'accélération et la reproduction massives des effets totalitaires et nivelateurs générés par les structures du pouvoir et de la technologie en Occident » (Certeau, 1974, p. 131 et 132).

Le droit, la souveraineté et les arbres

La surface de la Terre n'est qu'une mince tranche du monde, sur laquelle les humains naissent, vivent et meurent. De part et d'autre, d'insaisissables contrées peuplées d'immortels : ceux du haut pour le meilleur, ceux du bas pour le pire. Deux groupes à couteaux tirés l'un contre l'autre. Tournoi imaginaire datant sans doute de plusieurs millénaires, puisqu'on en a retrouvé partout les mêmes vestiges : ceux d'un affrontement entre des oiseaux-tonnerres et des monstres chtoniens. Une iconographie avec laquelle, on l'a bien vu, même les raz-de-marée bouddhiste, chrétien et musulman durent composer. Un axe vertical reliant le zénith au nadir. Invisible mais combien réel. La moindre turbulence dans les affaires humaines suffit à l'activer. Une flèche perdue dans un arbre. Le souffle de celui qui y grimpe. Et voilà la tête d'une épinette blanche qui en arrive à toucher la lune (premier récit). Il suffira à l'officiant d'entrer dans la tente rituelle par son côté faisant face à l'est pour que celle-ci devienne subitement un tube reliant les zones superposées du monde (second récit). Deux flèches tirées à la verticale, l'une vers le ciel et l'autre en sens inverse, font s'élever le fils et s'enfoncer son père (troisième récit), à la façon de l'incestueux Tsheshei (quatrième récit). L'histoire de

Tshakapesh se termine sur une représentation spectaculaire de l'axe du monde : une épinette blanche *(Picea glauca)*, arbre pouvant atteindre une hauteur de 40 mètres, y prend des dimensions gigantesques. On y a vu une référence non équivoque à une ancienne pratique rituelle funéraire réservée aux défunts, que certains chasseurs innus appliquent encore, comme leurs ancêtres, aux restes des gibiers terrestres. Si ces grands conifères peuvent représenter une telle victoire sur la mort, c'est qu'on est en présence de ce que certains ont parfois appelé des *arbres de vie* : retour des défunts et du gibier. Daniel Clément, qui s'est intéressé au savoir innu en matière de botanique, a rapporté un fait justifiant l'équation que nous faisons entre l'*axe vertical du monde* et l'*arbre de vie* ; les gens d'Ekuanitshit considéraient le mélèze et l'épinette (noire ou blanche) comme les seules espèces devant « être utilisées dans la construction de la tente tremblante » (Clément, 1990, p. 22).

Axe du monde, arbre de vie, arbre du monde, colonne du monde. Autant de facettes d'une autre de ces icônes largement utilisées par l'espèce humaine pour éviter de sombrer dans la déraison et promouvoir l'ensemble des règles sans lesquelles aucune société ne saurait subsister. Une telle portée normative des récits touche à tous les aspects du mode de vie avec lequel cette population a dû composer à une certaine période de son histoire : régime matrimonial, harmonisation des rapports entre les membres du groupe, réduction de toutes les formes de violence au sein des unités familiales, répartition des tâches de production, reproduction biologique et sociale, diversité des techniques de chasse, respect des quotas, etc. Des règles qui parfois s'incarnent dans des rituels. Les récits font, parfois par l'absurde, la démonstration de la pertinence caractérisant certaines de ces règles. C'est le cas des deux derniers, relatant le sort réservé à la délinquance (Aiasheu et Tsheshei). On aura aussi remarqué qu'il y est toujours question de jeunes en difficulté, le plus menacé étant évidemment Tshakapesh, qui faillit ne pas se rendre à terme. L'enfant couvert de poux, quant à lui, avait été abandonné par des parents inconscients, tandis qu'Aiashesh échappa de justesse à une tentative de meurtre mise au point par son père, après avoir été victime de harcèlement sexuel de la part de la seconde épouse de ce dernier. Quant à la fille trompée par son grand-père incestueux, elle fut littéralement entraînée par lui dans la mort. Une autre façon d'énoncer la règle à laquelle n'échappe aucune société : sans les enfants, point d'avenir. Et quand l'avenir s'estompe, les enfants se volatilisent.

En pratique, les juristes de tradition européenne ont peine à imaginer l'existence de véritables traditions juridiques autres que la leur.

> Au premier plan figure l'idée couramment répandue que les sociétés autochtones ne connaissaient pas le droit avant l'arrivée des Européens. [...] Tout au plus les autochtones possédaient des coutumes orales, mais il ne s'agirait pas de véritable droit. L'apport de l'anthropologie a été de prouver la fausseté de ces idées. Le droit existe dans toute société humaine et recouvrirait l'ensemble des règles et des processus nécessaires à la reproduction de cette société. [...] Les récits et les légendes orales des peuples autochtones ne sont pas moins normatifs que les lois écrites. [...] On reconnaît donc de plus en plus que les autochtones possédaient de véritables systèmes juridiques (Grammond, 2003, p. 23-24).

« Bon ! », dira-t-on, mais ne s'agissait-il pas d'idéologies immuables, valables pour des sociétés sans histoire, n'ayant jamais eu à composer avec le changement social ? Ne sommes-nous pas en présence de véritables monuments d'intégrisme, seuls responsables de la situation déplorable dans laquelle ces populations se retrouvent aujourd'hui ? Penser que de telles traditions juridiques ont été incapables d'adapter leurs normes aux inévitables changements inhérents à la mouvance historique à laquelle aucun peuple n'échappe, est faire preuve d'ignorance. Pour qui sait l'entendre, le premier récit en fournit un bon exemple. On se souviendra que, vers la fin du troisième épisode, alors que Tshakapesh s'apprêtait à retourner chez lui avec son futur gendre, on lui reprocha de s'approprier le castor que le héros avait réussi à sortir de l'eau : « Tu pourrais attendre d'avoir reçu ta part avant de partir. On ne t'a pas donné ce castor. » Ce à quoi Tshakapesh avait répondu : « Vous réclamerez ceux que vous aurez attrapés vous-mêmes. C'est à ceux-là que vous aurez droit. » Il s'agit ici d'un véritable « amendement » aux règles de partage du gibier qui étaient en vigueur avant l'arrivée des comptoirs de fourrure européens chez les Innus[1].

Dans un ouvrage intitulé *Images de la Justice,* le médiéviste et juriste Robert Jacob a exploré l'histoire de la liturgie judiciaire de l'Europe occidentale, en remontant le temps jusqu'à la période préchrétienne. On y retrouve les éléments de base de l'imagerie mise à profit tant par la cosmologie algonquienne que par toutes les cosmologies évoquées dans nos *Échos eurasiens.*

> [...] La séparation de l'Église et de l'État, écrit Jacob, a pu faire décrocher presque partout le crucifix, qui constituait le principal ornement de la salle d'audience. La trace qu'il a laissée en se retirant n'en est pas pour autant effacée. [...] La scène judiciaire demeure ordonnée par l'axe de symétrie que marquait jadis la croix. L'axe qui prolonge vers le haut le corps du juge et continue de figurer, aux yeux du justiciable, le lieu de justice par excellence : point de convergence des thèses contradictoires, foyer de la discrimination du bien et du mal (Jacob, 1994, p. 11).

Partant de cette *trace* laissée au-dessus du magistrat à la fin du XVIIIe siècle, Jacob entreprend d'examiner les antécédents de notre propre totem de la Justice. C'est au Ve siècle de notre ère, au moment où l'Empire romain désormais chrétien se reconstituait à Constantinople, que la croix a été introduite dans les salles d'audience. Les théologiens de l'époque cherchaient alors le moyen de prendre une « distance à l'égard du flot incontrôlé de légendes populaires » sans pour autant les heurter de front (*ibid.*, p. 49). Il s'agit là d'une gymnastique sémantique à laquelle nous avons sou-

vent fait allusion ; les bouddhistes s'y étaient adonnés un millénaire plus tôt dans ce qu'on persiste à nommer l'Extrême-Orient,
et l'islam la perpétuera un millénaire plus tard au Moyen-Orient.
Pour en revenir à l'astuce chrétienne de l'époque constantine, elle
consista à miser sur la « correspondance de l'arbre et de la croix
sur lesquels s'ouvrait et se clôturait l'Histoire sainte » *(ibid.)*. On
se souvient que l'Ancien Testament, héritage des cosmologies
mésopotamiennes, attribue l'origine de la mort à l'unique arbre
du paradis terrestre dont le fruit avait été frappé d'interdit alimentaire par le créateur du premier couple humain. Jacob écrit
que cette « correspondance ne pouvait être fortuite. Des Pères de
l'Église aux auteurs du Moyen Âge classique, on y reconnut les
mêmes signes. "Le Seigneur, écrit saint Irénée, répara la désobéis-
sance à l'arbre (du paradis terrestre) par son obéissance à l'arbre
(de la Croix)". Et Yves de Chartres : "La mort qui est survenue par
le bois a été vaincue par le bois" » *(ibid.)*. La substitution de la
croix à l'arbre de vie dans la salle d'audience fut donc facilitée,
selon l'auteur, par le fait qu'une pratique vraisemblablement antérieure au christianisme en Europe de l'Ouest avait eu tendance à
associer l'arbre à la liturgie judiciaire. Ainsi retrouve-t-on au cœur
de notre propre tradition juridique la représentation de l'axe cosmique sous la forme d'un arbre :

> L'idée d'un axe [...], qui relie [...] la terre et le ciel, n'est pas
> propre à l'univers mental de la chrétienté médiévale. Elle
> lui était antérieure et on la rencontre dans quantité d'autres
> cultures. [...] Le pilier cosmique y prend fréquemment la forme
> d'un arbre primordial, qui plonge ses racines au plus profond
> des abîmes souterrains, dont le tronc perce la surface terrestre
> et dont les branches portent la voûte du ciel. En général, la jus-
> tice lui est associée de façon intime. [...] l'axe de l'univers est
> équilibre et stabilité : il supporte, unit le haut et le bas, fixe la
> place de chaque chose comme il appartient à la justice de tenir
> en ordre permanent les forces sociales actives. Il est aussi le canal
> de la communication des mondes. Par lui transitent les flux

mystérieux qui permettent de mettre en contact la terre des hommes et les espaces inaccessibles, ouraniens ou chtoniens, sièges des puissances surnaturelles qu'il faut souvent faire intervenir dans le règlement des querelles humaines (*ibid.*, p. 39-40).

Est-il besoin d'insister sur le fait qu'à aucun moment, dans cette archéologie de l'image de la justice, l'auteur ne fait référence à un quelconque paradigme évolutionniste ou néo-évolutionniste ? Bien au contraire ; au-delà des changements survenus durant la période couverte par son enquête, soit plus de deux millénaires, tant dans le contenu du droit que dans certains détails de sa liturgie, et aussi loin qu'il recule dans le temps, Jacob ne retrouve jamais de société « sans foi, sans roi, sans loi ». Par ailleurs, il évoque la possibilité que les formes de liturgie judiciaire les plus anciennes, décelables surtout, selon lui, en Europe de l'Ouest, puissent subsister de nos jours sur le continent africain. Il ne sera sans doute pas étonné d'apprendre que ce complexe « axe du monde — arbre de vie — source du droit » a prévalu jusqu'à ces dernières années, et avec une telle clarté, chez certains peuples de tradition algonquienne du nord-est de l'Amérique du Nord. Mais que reste-t-il de cette tradition chez les Innus, après que les autorités gouvernementales ont tout mis en œuvre pour les détruire depuis un siècle et demi ? Abolition *légale* de leurs institutions politiques. Rupture *légale* de leur rapport avec la terre. Rapt d'enfants *légal* pour mettre fin à toute transmission des règles, des rituels, des langues, des structures sociales, des processus économiques et surtout de récits comme ceux faisant l'objet du présent ouvrage. Bref, un cocktail de mesures dévastatrices, susceptibles de désaxer sérieusement n'importe quelle société, de pousser certains de ses membres au désespoir et au suicide ! Un autre juriste canadien a parlé d'« usurpation de la souveraineté autochtone » (Morin, 1997). Une opération qui, soit dit en passant, fut autorisée jusque dans ses moindres détails par un Parlement dont étaient légalement exclus les membres des peuples visés par ses lois, tant à titre de représentants que de représentés.

Certains autochtones nous disent aujourd'hui : « Nous ne sommes pas des victimes, mais des survivants. »

Que reste-t-il de cette tradition juridique algonquienne ? D'abord une résistance au ras du sol, qui prend la forme d'organisations politiques depuis le milieu du XXᵉ siècle. On comprendra que le simple fait de raconter l'histoire de Tshakapesh en 1970 constitue déjà une solennelle affirmation de souveraineté, puisque c'est une réactivation de la source même des règles et des pratiques ayant permis au groupe de se reproduire dans un environnement colonial qui rêve depuis longtemps de le voir disparaître. Les Innus ayant depuis lors compris que les choses se déroulaient différemment chez nous, il leur arrive de se plier à nos rituels politiques contemporains. C'est ainsi que, devant la Commission royale d'enquête sur les peuples autochtones du Canada (1991-1996), l'avocat innu Armand MacKenzie a parlé de « l'existence du *innu tipenitamun* (c'est-à-dire de la souveraineté innue) sur *Ntesinan* [notre territoire] » (MacKenzie, 1993, p. 12). Il traduisait alors avec rigueur la tradition juridique de son peuple. En effet, dans un rapport de 200 pages ayant fait suite à une étude linguistique sur le *Discours montagnais sur le territoire*, Mailhot et Vincent ont montré que le mot *tipenitamun* renvoie à un concept radicalement différent de celui que recouvre notre terme de « propriété ». Si ce dernier désigne le droit d'user, de jouir et de disposer à son gré d'un bien, le sens du premier met plutôt l'accent sur la responsabilité de son détenteur. C'est pourquoi ce concept s'applique non seulement aux biens personnels, mais également à des responsabilités politiques ; « [i]l est utilisé pour référer à la relation d'un maire avec sa ville, d'un ministre avec le domaine sur lequel il a juridiction, d'un chef de bande avec les membres de la bande indienne, des parents avec leurs enfants, de Dieu avec les hommes et, dans le contexte de la religion montagnaise, des Esprits-maîtres avec les espèces animales qu'ils contrôlent » (Mailhot et Vincent, 1982, p. 67-68[2]). C'est pour cette raison, écrivent les auteurs, que ce terme « correspond […] à celui de "souveraineté" » (Mailhot et Vincent, 1980, p. 124). Il s'agit précisément là de ce que notre propre ordre juridique a reconnu sous le nom de « droits ancestraux », dont la rhétorique schizophrène de la Cour suprême du Canada ne cesse, depuis 1982, de proclamer haut et fort le principe et, du même souffle, d'en contraindre l'exercice (Mativat, 2003).

Le bien nommé chef d'Utshimassit, Simon Tshakapesh, a récemment mis en perspective le comportement suicidaire de certains jeunes de cette communauté :

> Les services sociaux sont contrôlés par le gouvernement, la police aussi. On serait mieux de se gouverner nous-mêmes. Le gouvernement ne comprend pas nos gens, et nous on ne se sent pas liés par les lois canadiennes […]. C'est comme s'il n'y avait pas de direction. […] On est à un stade de développement, et il faut accéder à l'indépendance. On a beaucoup de ressources, on est riches, et on nous maintient dans la pauvreté. Il faut que l'on puisse contrôler nos propres ressources (Desjardins, 2001).

Le concept de *tipenitamun,* ou tout autre de ses équivalents, pourrait bien susciter un jour l'extension de l'affirmation de cette souveraineté bien au-delà des territoires régionaux prévus par l'administration coloniale, soit à l'ensemble du *territoire national* tissé de génération en génération jusqu'à tout récemment par l'ensemble des communautés innues, sinon algonquiennes. S'il devait être trop tard pour y arriver, les voisins non autochtones des Innus deviendraient pour toujours les orphelins d'une certaine Amérique.

Peuple de langue
et de civilisation algonquiennes

Selon José Mailhot, « la langue innue est l'une des langues algonquiennes les mieux documentées sur le plan historique » (Maillot, 2003). Le mot « algonquien », qui désigne la famille linguistique à laquelle appartient l'innu, vient du terme « algonquin », utilisé au départ pour désigner les groupes humains exploitant, au début du XVIIe siècle, le grand bassin formé par la rivière des Outaouais et ses nombreux affluents. À cette époque, le cri, l'innu, l'algonquin et l'attikamek étaient des langues moins distinctes les unes des autres que ce qu'elles sont devenues depuis. Parmi les quelques douzaines de familles linguistiques repérées en Amérique du Nord, la famille algonquienne vient en tête de liste, tant pour le nombre de langues que pour l'étendue de l'aire géographique où elles étaient parlées *(figures 18 et 19)*. Au début du XVIIe siècle, on en comptait près d'une trentaine sur un quadrilatère allant, d'est en ouest, de la côte atlantique jusqu'au pied des Rocheuses canadiennes et américaines, et, du nord au sud, de la baie d'Hudson jusqu'à 35° de latitude nord. Les spécialistes considèrent que cette famille linguistique se subdivise en deux branches : le groupe algonquien du *Centre* et le groupe algonquien de l'*Est*. Le premier regroupe les langues algonquiennes parlées

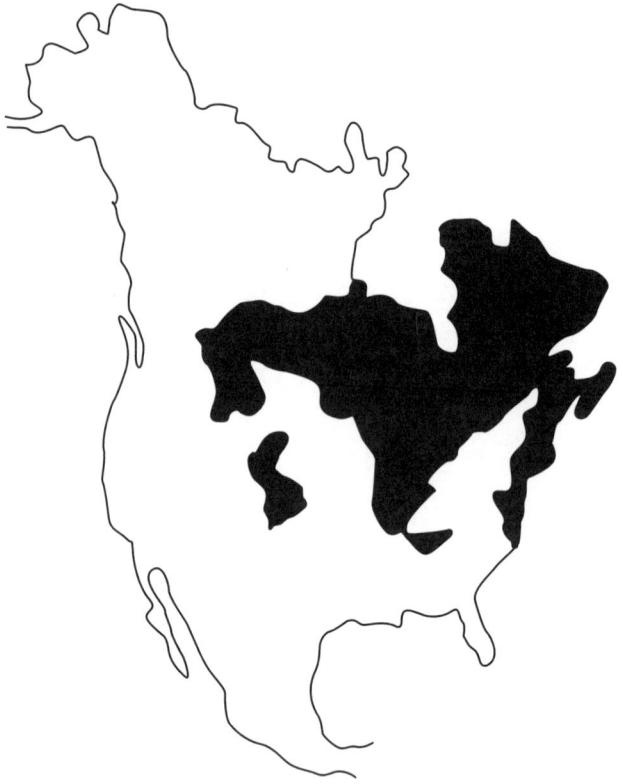

Figure 18. Aire algonquienne au XVIᵉ siècle.

dans les provinces Maritimes canadiennes et en Nouvelle-Angle-
terre ; le second comprend toutes les autres langues algonquiennes
parlées dans le Bouclier canadien, dans les plaines de l'Ouest américain et canadien ainsi qu'autour des Grands Lacs. « Selon les linguistes, le proto-algonquien, comme le proto-indo-européen, est
une des langues les mieux reconstruites au monde » (Duval, 2001,
p. 33). Il y a de 5 000 à 6 000 ans, par suite de la diversification
d'une souche linguistique commune, cette langue mère serait
apparue en même temps qu'une autre appelée « rituan », laquelle
aurait plus tard donné naissance au yurok et au wiyok, deux
langues parlées dans le nord-ouest de la Californie. Pour suggérer
la parenté entre ces deux langues mères, les spécialistes emploient
l'expression de mégafamille « algonquienne-rituan » ou encore

« algique » (Swanton, 1984, p. 251 ; Lowell et Vane, dans Boxberger, 1990, p. 268 ; Nichols, 1990, p. 480 ; Goddard, 1975, 1996). Si
le proto-algonquien a pu être reconstitué, on comprendra que,
pour le moment, il en va tout autrement de cette hypothétique
souche algique.

Dès les années 1960, il était établi que le proto-algonquien
avait été parlé jusque vers 1200 avant notre ère, par une population établie entre la rive nord du lac Ontario, la baie Géorgienne,
le lac Nipissing, la rivière Matawa, la partie médiane de l'Outaouais, la tête de la rivière Grand et le cours de la rivière Saugeen
(figure 20). Près de trois siècles plus tard, la population proto-
algonquienne aurait commencé à se répandre dans diverses directions, provoquant l'expansion représentée à la *figure 18*. Plus
récemment, linguistes et archéologues ont exploré les antécédents
du peuplement proto-algonquien des Grands Lacs. Il en est res-

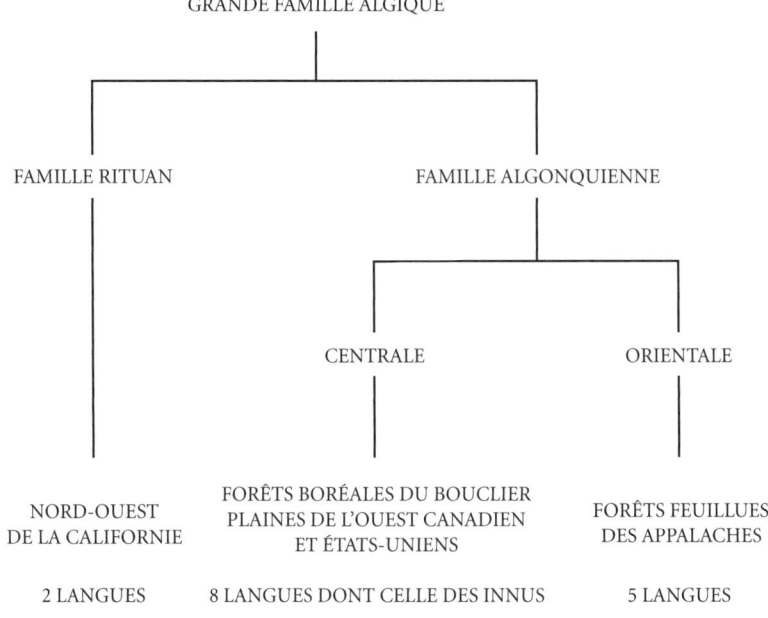

Figure19. Généalogie simplifiée de la langue innue.

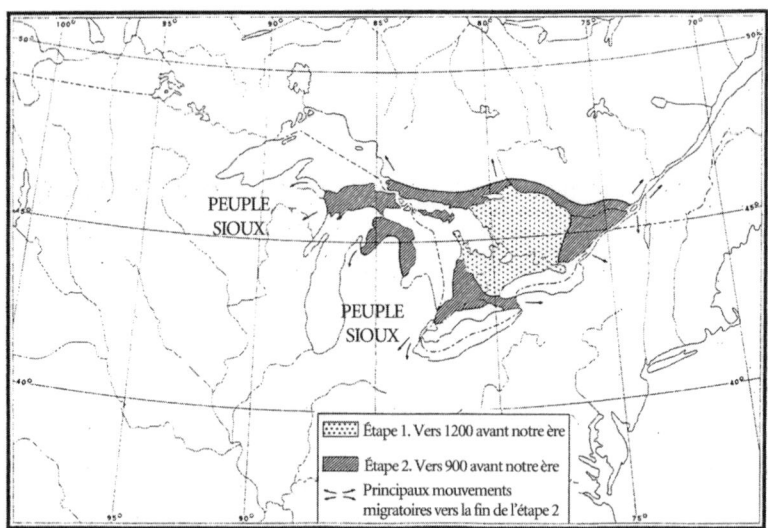

Figure 20. Répartition du groupe linguistique algonquin dans les Grands Lacs de 1200 avant notre ère à 900 a.v.e. (tiré de *Contributions to Anthropology : linguistics I* [*Algonquian*], Ottawa, Musée national du Canada, bulletin n° 214, 1967, p. 35).

sorti que le foyer d'origine pourrait se situer dans la région du Plateau, d'où certains groupes auraient pu migrer vers les Grands Lacs, il y a de 3 000 à 4 000 ans[1]. Le Plateau comprend le sud-est de la Colombie-Britannique et déborde légèrement en Alberta et au nord-est de la Californie, renfermant également des portions importantes des États de Washington, de l'Idaho et de l'Oregon. Si une telle hypothèse devait se révéler fondée, elle mettrait fin à l'impression de grande solitude que suggère aujourd'hui la petite branche rituan réfugiée dans le nord-ouest de la Californie. Pour en revenir aux Algonquiens, ils occupaient à l'arrivée de Cartier « une bonne partie de l'Amérique septentrionale, du pied des Rocheuses à l'océan Atlantique. Si certains d'entre eux vivaient dans les Prairies de l'Ouest (Pieds-Noirs, Cheyennes, etc.), la plupart habitaient la forêt boréale du Bouclier canadien ou encore les forêts de feuillus de la région appalachienne » (Dorais, 1992, p. 70)

Informations sur les récits
et leurs variantes

Premier récit

À ma connaissance, le premier récit a déjà donné lieu à trois ouvrages. Deux d'entre eux sont parus en 1971. Le premier porte sur une variante recueillie à Ekuanitshit (Mingan) au milieu des années 1960 (Barriault, 1971), alors que le second présente une analyse de sept variantes enregistrées de 1963 à 1970, y compris celle de François Bellefleur, dont on lira ci-dessous la transcription française (Lefebvre, 1971). J'ai moi-même publié en 1985 une analyse de cette dernière variante, à la lumière d'une cinquantaine d'autres variantes, algonquiennnes pour la plupart, trouvées aussi bien dans les archives que dans la littérature spécialisée. Quiconque a lu ce dernier ouvrage a pu constater que la lecture de cette œuvre a beaucoup bougé depuis 1985. La variante 2 fut filmée à Pakua-shipit (Saint-Augustin) durant l'été 1973. Le cinéaste et le caméraman étaient respectivement Arthur Lamothe et Guy Borremans. La narration eut lieu en forêt, un peu à l'écart du village.

Thérèse Rock, de Betsiamites, en fit la traduction française pour le film intitulé *Des tentes aux maisons*; c'est à partir de son

		Variantes	
Communauté	*Cueillette*	*Conteur ou conteuse*	*Référence*
1 Ekuanitshit	± 1968	Charles Dominique	Barriault (1971, p. 37-112)
2 Pakua-shipit	1973	Pien Peters	Savard (1985, p. 219-229)
3 Utshimassit	1967	Joseph Rich	Lefebvre (1971, p. 33-43)
4 Sheshatshit	1967	Édouard Rich	Lefebvre (1971, p. 43-58)
5 Sheshatshit	1963	Daniel Pone	Mailhot et Michaud (1965, p. 65-70)
6 Sheshatshit	1967	Sébastien Nuna	Lefebvre (1971, p. 58-65)
7 Nutashkuan	1978	Julie Ishpatao	Ishpatao, Bellefleur et Mestakosho (1979)
8 Chisasibi	?	Georgekish et autres	Pachano (1987)
9 York Factory	?	?	Mowat (1892)
10 Waswanipi	?	?	Baxter (1896)

travail, en retournant au besoin au document audiovisuel, que j'ai mis au point le texte français pour mon ouvrage de 1985. Né en 1909, le conteur de la variante 2 est décédé en 1981. Selon José Mailhot (communication personnelle), son arrière-grand-père était cet Abénaquis nommé Joseph Matsalaboleth ; en 1856, il avait épousé Nituenimakan, la veuve de l'arrière-grand-père paternel du conteur François Bellefleur (*figure 3*, p. 27).

La variante 5 fut enregistrée en 1963, à Sheshatshit, par José Mailhot et Andrée Michaud. Le conteur pourrait être né vers 1930. Sa mère aurait déjà été de la bande de Sept-Îles, et une de ses grands-mères était de la bande de Michikamau. Après l'enregistrement de son récit, sa fille Judy en fit une traduction anglaise (Lefebvre, 1971). Le texte français est de Mailhot et Michaud. C'est également à Sheshatshit, durant l'été 1967 et avec l'aide de José Mailhot, que Madeleine Lefebvre et Robert Lanari enregistrèrent sur bandes magnétiques un grand nombre de récits, dont les variantes 3, 4 et 6. Les conteurs s'exprimèrent dans leur langue. L'un d'eux se nommait Joseph Rich (variante 3). Il naquit vers 1900 (Mailhot, 1993, p. 12) et pourrait être celui qui avait livré le même récit en 1927-1928 à W. D. Strong, lorsque ce dernier a séjourné à Utshimassit. L'anthropologue américain avait noté que ce conteur, alors âgé d'une trentaine d'années, s'était fait aider par son père, Mistana'bish, pour raconter *Dja'kabish or The Man in the Moon* (Leacock et Rethschild, 1994, p. 154). La généalogie de Joseph Rich, comme celle de François Bellefleur, illustre la grande capacité d'assimilation de la culture innue. Voici ce qu'en disait José Mailhot :

> Un autre étranger qui se trouvait dans la région du lac Melville au XIXe siècle s'appelait Ned Richards. Nous savons peu de choses à son sujet sinon qu'il avait du sang écossais et cri et qu'il avait épousé une femme inuite de la péninsule de l'Ungava (Speck, 1931, p. 589) nommée Betsi dans le registre d'état civil (Betsiamites, 1845-1876). En 1865, Ned Richards et son fils Édouard travaillaient tous deux au transport des marchandises entre Sheshatshit et les postes situés en amont de la rivière Churchill. C'est d'ailleurs au cours d'un de ces voyages au lac Petirsikapau, en septembre 1867, qu'Édouard Richards fut baptisé. On perd rapidement la trace du père dans les documents mais le fils Édouard, dont le nom était Manitesh, fut une figure familière du poste de Sheshatshit pendant une trentaine d'années.
> Sa première femme était Manian Pimuteapanikueu, la fille du chef Tuma Ashini. Leur union fut sanctionnée par un missionnaire à Sheshatshit, à l'été 1868, et leurs enfants sont tous nés dans la région du lac Melville. Durant l'été, Édouard Richards était employé pour la pêche au saumon à l'embouchure de la rivière Knenemish et, l'hiver, il faisait la chasse. [...] Édouard Richards ne passa cependant pas toute sa vie aux environs de Sheshatshit : son nom disparaît du journal du poste après 1897, quelques années après l'abandon de la région par une grande partie des Innus. Avec ses quatre fils, il aurait émigré dans la

région de la rivière George et se serait attaché au poste de Davis Inlet. Son nom de famille fut initialement raccourci en Rich (Mailhot, 1993, p. 42-43).

C'est à Utshimassit que Strong avait rencontré Joseph Rich et son père Édouard Rich, dit Mistana'bish. Ce dernier, écrit Strong, était le fils de Mantish et le petit-fils du Métis cri-inuit Ned Richards dont parlait José Mailhot. La variante 4 est due à un cousin de Joseph Rich portant lui aussi le nom d'Édouard Rich. Il était le père de Matthew Rich, qui avait transcrit et traduit plusieurs des variantes évoquées dans le présent ouvrage. Il travaillait à la base militaire de Goose Bay à l'été 1967. Voici ce qu'en disait Madeleine Lefebvre en 1971 :

> Né en 1911 […], il est le cousin parallèle de Joe Rich. Sa mère a déjà été affiliée à la bande de Sept-Îles et s'est mariée à Davis Inlet [Utshimassit]. Le conteur y est né et y a vécu, faisant quatre fois le voyage Davis Inlet — Sept-Îles entre les années 1934 et 1937, période pendant laquelle il se marie. Au moment où il rencontre sa future épouse, elle voyage vers Sept-Îles avec un groupe de N. W. R. [Sheshatshit]. Ils se marient à Davis Inlet où ils demeurent pendant deux ans, puis ils descendent à N. W. R., où ils habitent depuis 1938 (Lefebvre, 1971, p. 12).

Quant à Sébastien Nuna, il serait né vers 1920 dans la région de Sept-Îles. En 1941, il rejoignit ses beaux-parents établis à Sheshatshit deux ans plus tôt. Sa mère avait d'ailleurs fait partie de cette communauté *(ibid.)*. La variante 7 fut racontée par Julie Ishpatao à Nutashkuan, en 1978. Cette femme était alors âgée d'environ 70 ans. C'est sa fille qui procéda à l'enregistrement sonore. Une transcription en innu, accompagnée de 165 croquis, parut l'année suivante (Ishpatao, Bellefleur et Mestakosho, 1979). À partir d'une première traduction, due à René Lapointe, j'ai mis au point le texte qu'on trouve dans mon ouvrage de 1985. Trois variantes cries seront également mises à profit, pour lesquelles je ne dispose que d'informations très partielles (variantes 8, 9 et 10).

J'ai parlé plus tôt d'œuvre classique. En effet, la *Relation de ce qui s'est passé en la Nouvelle France en l'année 1637,* publiée l'année suivante par les jésuites à Rouen, contient un compte rendu assez complet du premier et du dernier épisodes de ce récit. Le nom du héros y est le même que celui que décrit François Belle-fleur en 1970, ainsi que dans les dix variantes mentionnées dans le tableau (Le Jeune, 1972b [1637], p. 54-55).

Deuxième récit

En découvrant le deuxième récit à Unaman-shipit (La Romaine) en 1970, mes collègues et moi avons été séduits tant par sa valeur poétique que par la richesse de ce qu'il nous semblait contenir en matière d'informations précieuses sur le regard posé par ces gens sur eux-mêmes et sur l'univers qui les entoure. Plusieurs années de maturation et de travail de ma part et de la part de collègues auront été nécessaires pour que cette promesse soit tenue. Quand François Bellefleur me raconta sa version en 1970, le Laboratoire d'anthropologie amérindienne (LAA[1]) disposait déjà d'une version recueillie, en 1967, à Sheshatshit, par Robert Lanari et Madeleine Lefebvre (variante 5). Ces deux versions avaient fait l'objet d'un enregistrement sur bandes magnétiques en langue innue. Matthew Rich, Joséphine Bacon et José Mail-hot s'étaient chargés de la transcription phonétique et de la tra-duction. Les membres actifs du LAA ont alors rapidement convenu d'examiner cette histoire à la loupe, dans le cadre d'un séminaire hebdomadaire tenu dans une usine désaffectée de la rue Saint-Laurent, à Montréal. Quelques personnes, intéressées par le sujet, se joignirent aux quatre ci-dessus mentionnées. La première tâche consista en un repérage de variantes contenues dans la litté-rature ethnographique. D'autres chercheurs acceptèrent de mettre à notre disposition des données inédites sur ce récit. Au terme du séminaire de 1972-1973, José Mailhot, Sylvie Vincent, Serge Bouchard et moi-même avons publié un rapport en trois

		Variantes	
Communauté	*Cueillette*	*Conteur ou conteuse*	*Référence*
1 Ekuanitsht	1966-1971	C. D. Menicapau	Basile et McNulty (1971, p. 27-)
2 Ungava	Vers 1880	?	Turner (1894, p. 342-343)
3 Tadoussac	Juin 1919	Marie Denis	Speck (1925a, p. 6-8)
4 Utshimassit	± 1928	Joseph Rich	Leacock et Rothschild (1994, p. 160-161)
5 Utshimassit	1967	Joseph Rich	Lanari et Lefebvre (1967a, p. 1-7-3-4)
6 Nutashkuan	1970	Michel Grégoire	Vincent (1977, p. 91)
7 Pakua-shipit	Été 1971	Pien Peters	Savard (1979, p. 44-48)
8 Pessamit	Vers 1973	Vincent Hervieux	Lamothe (sans date, c)
9 Matimekush	1970	Joseph Jean-Pierre	LAA 1-7-2-1
10 Mistassini	1915	Ka'kwa	Speck (1925, p. 28-31)
11 Lac Timagami	1915 (?)	?	Speck (1915a, p. 63-64)
12 Grand lac des Esclaves	1862	Ekounélyel	Petitot (1967, p. 373-378)

sections : le lexique innu de la faune, le rituel de la tente agitée dont il est question dans le récit et la rhétorique narrative de ce dernier (*Recherches amérindiennes au Québec*, 1973 [n°s 1-2], p. 11-83). Pour la présente publication, je suis retourné aux traductions antérieures et, à l'occasion, à la transcription en langue innue. Les neuf premières variantes mentionnées dans le tableau proviennent de communautés innues. Les trois suivantes sont, dans l'ordre, d'origine crie, d'origine ojibwas et d'origine dénée. Des éléments de ce récit ont été retrouvés jusque dans le nord-ouest des États-Unis, chez les Comanches, les Paiutes, etc. (Lowie, 1924, p. 7-9 et p. 222-223).

Troisième récit

La première variante fut recueillie et publiée par Marie-Jeanne Basile et Gerry McNulty vers la fin des années 1960. Le cinéaste Arthur Lamothe filma la narration de la deuxième à Pakua-shipit au début de la décennie suivante. Les variantes 3 et 4 furent enregistrées par Madeleine Lefebvre et Robert Lanari à Sheshatshit, durant l'été 1967, dans le cadre d'une opération du Laboratoire d'anthropologie amérindienne. J'avais publié, il y a plus de 30 ans, une première note de recherche sur la prestation de

Variantes			
Communauté	*Cueillette*	*Conteur ou conteuse*	*Référence*
1 Ekuanitshit	1960s	Mathias Washaunu	Basile et McNulty (1971, p. 6-12)
2 Pakua-shipit	1970s	Pien Peters	Lamothe (sans date, b)
3 Utshimassit	1967	Joseph Rich	Savard (1977a, version A)
4 Sheshatshit	1967	Édouard Rich	Savard (1977a, version C)
5 Sheshatshit	1967	Sébastien Nuna	Savard (1977a, version B)
6 Nord de l'Alberta	±1880	Alexis Enna-azé	Petitot (1888, p. 594-601)
7 Nord du Manitoba	1977-1979	Caroline Dumas	Brightman (1989, p. 105-112)
8 Ontario du N.-E.	1955-1957	Simeon Scott	Ellis (1995, p. 44-59)
9 Québec du N.-O.	Début du XXᵉ siècle	?	Skinner (1911, p. 92)

10 Rupert House (Québec)	1895	?	Gordon (Archives publiques du Canada, 6-11-1-003)
11 Riv. Petite Baleine (Québec)	1913	John Turner	Speck (1913)
12 Lac Abitibi (Québec)	1930	S. R. Isorhoff	McPherson (1930, p. 184-192)
13 Bois Fort (Ontario)	1903-1905	Wasagunäckank	Jones et Michelson (1919, p. 380-399)
14 Lac à la truite (Ontario)	1980s	?	Désveaux (1988, p. 80-87)
15 Lac à la truite (Ontario)	1980s	?	Désveaux (1988, p. 87)

François Bellefleur (Savard, 1972, p. 3-13). Quatre ans plus tard, à la Septième Conférence algonquienne, tenue à Montréal, du 22 au 24 octobre 1976, j'ai présenté un premier essai de synthèse sur la base de la performance de François Bellefleur et des trois variantes enregistrées sur la côte atlantique (Savard, 1977). Les cinq premières variantes signalées dans le tableau proviennent donc de communautés innues. Les six suivantes nous sont venues des Cris, et les trois dernières, des Ojibwas.

Quatrième récit

La transcription phonétique et la traduction anglaise de ce quatrième récit sont dues à Matthew Rich. Je suis entièrement responsable de la version française présentée ici. Au début de 1971, Pien Peters[2], de Pakua-shipit, m'a donné sa version (variante 1). Nous disposons d'une seconde variante fournie par deux narrateurs innus de Nutashkuan : Kaniste Uapistan et Pierre Courtois, alias Kajetan. Elle existe sous forme de cahier en langue innue préparé dans cette communauté et daté du 24 janvier 1980. Chacune de ses 146 pages comprend du texte et un croquis. Ce cahier aurait été imprimé au presbytère de Nutashkuan. La traduction m'en fut aimablement fournie par René Lapointe en novembre 1980. De 1967 à 1970, Benoit Noël de Tilly a rapporté au Laboratoire d'anthropologie amérindienne une version française de cette histoire, entendue à Unaman-shipit vers la fin des années 1960. Dans ce cas, le conteur n'est pas plus identifié que le traducteur. Ce dernier pourrait avoir été l'oblat Alexis Joveneau, alors responsable de la mission à Unaman-shipit (variante 3). Des gens de Sheshatshit nous ont aussi fourni deux récits, que j'ai cru bon de considérer comme des variantes. On verra plus loin pourquoi. Lesdites variantes furent enregistrées en 1967 par Robert Lanari et Madeleine Lefebvre ; la traduction fut faite sur place par Judy Pone et Matthew Rich (variantes 4 et 5). À quelques détails près, une des aventures du célèbre *trickster* légendaire d'Amérique du Nord pourrait s'apparenter à ce récit. Il s'agit de l'épisode dans lequel Trickster, tel Tsheshei, simule sa mort pour épouser non pas sa petite-fille, mais sa propre fille (motif T411. 1 [*Lecherous father*] de la classification Stith Thompson, 1966). L'anthropologue A. Skinner en avait recueilli une variante chez les Cris de la Saskatchewan en 1913, bien qu'une note nous informe qu'elle lui fut

Variantes			
Communauté	*Cueillette*	*Conteur ou conteuse*	*Référence*
1 Pakua-shipit	1971	Pierre Peters	Savard (1979, p. 49-51)
2 Nutashkuan	1980	C. Uapistan et P. Courtois	Mestokosho et autres (1979)
3 Unaman-shipit	1970 (±)	?	Noël de Tilly (1967)
4 Sheshatshit	1967	Sébastien Nuna	Lanari et Lefebvre (1967b)
5 Sheshatshit	1967	Édouard Rich	Lanari et Lefebvre (1967c)

rapportée par un Sioux sisseton de la région. Le rôle de l'adulte abuseur y est tenu par Wisûkéjak, version locale du célèbre *trickster* américain (Skinner, 1911, p. 350-351). En voici un court résumé :

> Trickster fait irruption dans une tente pleine de femmes, en criant : « J'ai des nouvelles pour vous. Les humains vont désormais mourir. La seule façon d'y échapper, c'est de faire l'amour avec moi. » Après avoir eu un fils et une fille, il déclara qu'il allait mourir, qu'on devait l'enterrer et ensuite marier sa fille au premier venu. Il disparut, puis revint sous les traits d'un jeune homme et épousa sa propre fille. On finit cependant par le reconnaître à une marque sur son crâne. Il dut s'exiler, mais sa réputation le suivit. Là où il allait, on riait de lui.

Henrietta Schmerler avait publié un article prometteur sur cet épisode du cycle du *trickster* (1931, p. 196-207), dont elle évoquait en ces termes la très vaste dispersion en Amérique du Nord : « Le mythe du *trickster,* qui convoite sa propre fille et qui, en feignant la mort, finit par la séduire, est raconté par les Indiens de l'Amérique du Nord, avec des variantes, sur un vaste territoire qui embrasse le massif des Appalaches, les Grandes Plaines, le Grand Bassin, la Californie, le Plateau du Colorado et Puget Sound. Cette histoire a également cours parmi les Apaches des White Mountains et les Navajos » (*ibid.,* p. 196).

Notes

1. Les réserves sont des parcelles de terrain généralement restreintes, mises à l'usage de communautés indiennes, et dont la Couronne est propriétaire. Elles avaient été conçues au milieu du XIXe siècle comme de véritables cliniques biodégradables, dont l'existence ne devait pas dépasser la durée nécessaire à la *déprogrammation* socioculturelle de leurs *bénéficiaires* autochtones.

2. Obligation, pour une personne, de se marier avec un conjoint ou une conjointe provenant d'une bande locale autre que la sienne.

3. Le médiéviste disait que la poésie orale constituait un jeu « dans le sens le plus grave, le plus sacral de ce terme » (Zumthor, 1983, p. 269). « Du jeu poétique, expliquait-il, l'instrument (en l'absence d'écriture) est la voix. Mais celle-ci, d'une autre manière, en est aussi l'objet » (*ibid.*).

4. Le conteur écrivait et prononçait ainsi son prénom français : *Penashue*. Dans d'autres communautés innues, on entend et on lit *Pelashue*. La finale évoque la fausse diphtongue « oi » dans le français du XVIIe siècle. C'est que la consonne *r*, présente dans la langue innue à la période de contact, a évolué en *n* ou en *l*, comme ce fut le cas « dans le cri qui est parlé en Ontario et dans l'Ouest canadien » (Mailhot,

2003). Cette dernière en conclut qu'il s'agit là d'un cas de changement linguistique interne. Elle écrit : « On voit donc que, contrairement à la thèse soutenue dans l'étude historique que j'ai citée [Dawson, 2001], le contact avec d'autres langues n'est pas responsable des changements de prononciation qui se sont produits dans la langue innue au Saguenay–Lac-Saint-Jean dans le cours des XVIIe et XVIIIe siècles » *(ibid.)*. De la même façon, le conteur écrivait son patronyme (Bellefleur) comme il l'entendait et le prononçait, soit *Pepne*.

5. Le 6 juillet 1856, après le décès de son époux Pierre Bellefleur, Agnèse Nituenimakan (Goudreau écrit « Ntuelimagan ») aurait épousé, à Ekuanitshit (Mingan), un Abénaquis nommé Matsalaboleth. Selon Mailhot, ce Joseph serait l'ancêtre de feu Pierre Peters qui, en octobre 1970 à Pakua-shipit, m'avait raconté un récit auquel j'ai depuis consacré un ouvrage (Savard, 1977a).

6. Voir la note précédente.

7. Goudreau (2000) ; Mailhot, Armitage et autres (1982-2003) ; Mailhot (communication personnelle).

PREMIER RÉCIT

1. Un ursidé probablement imaginaire dont la force aurait dépassé celle des espèces connues.

2. C'est vers l'âge de cinq ans que les garçonnets agissent ainsi.

3. Le narrateur voyait là une espèce d'ursidé à poils longs.

4. « Ces lichens qui pendent comme des chevelures aux branches des conifères », écrivait le botaniste Jacques Rousseau (1952, p. 199).

5. Règle de partage du gibier inaugurée après l'arrivée des commerçants de fourrure européens.

6. Ce terme désigne des êtres vivants autres qu'humains.

PREMIER RÉCIT • COMMENTAIRE

7. « [...] il est accompagné, le vieux, et il est en quête de bouleau, il enlevait l'écorce des bouleaux. Et quand il entendit qu'on venait, ils firent

un plat, ils firent un récipient. [...] Il se sert de l'écorce de bouleau, il en fabrique plusieurs de ce genre-là, il s'en sert pour toutes sortes d'usage, il y met des fruits de toutes sortes [...]. C'est ce qu'il fait le vieux, lui et sa femme, ils fabriquent des récipients » (Lamothe, sans date, *a*, p. 6).

8. *Minapakun, usnée barbue* (Drapeau, 1991 ; Mailhot et Lescop, 1977). Les conteurs des variantes 2 et 3 précisent que le héros aurait pu ranimer ses parents en soufflant longtemps sur les mèches de fourrure ; il se serait ravisé en jugeant que la mort permettrait d'éviter la surpopulation (Lefebvre, 1971, p. 37 et 49). Pour sa part, le conteur de la sixième variante prêtait à Tshakapesh le même raisonnement malthusien, en ajoutant les testicules du père aux poils de ses parents (*ibid.*, p. 67).

9. *Uâshtekâtshu*, vésicules remplies d'oléorésine durcie (Clément, 1990, p. 24).

10. On trouvera une traduction française de cette variante dans Savard, 1985, p. 277-289.

11. Traduction de l'auteur, comme pour toutes les citations tirées d'ouvrages en anglais. Voir les explications concernant la nudité dans les cosmologies du nord-est de l'Asie (Harva, 1959, p. 83 et suivantes).

12. Chez les peuples algonquiens aussi, les cousins et les cousines parallèles sont identifiés respectivement à des frères et des sœurs, tandis que les cousins et les cousines croisés sont le prototype du bon mariage.

13. « L'ensevelissement sur des arbres est mentionné dans les légendes héroïques des Tatars de Minoussinsk. En effet, un khan donna à son fils, quand il sentit venir l'heure de la mort, les ordres suivants : "Quand je mourrai, ne m'enterre pas dans le sein de la terre. Attache neuf mélèzes par leurs cimes, pose le cercueil sur les cimes !" » (Harva, 1959, p. 215).

14. Pour la technique d'hiver, voir la figure 15.

15. La forme plurielle de *innu (innuat)* n'a évidemment rien à voir avec la couleur rouge.

16. Ces deux pratiques funéraires étaient connues dans l'Amérique du Nord précolombienne (Yarrow, 1881).

17. Micmacs de Gaspésie (Chrétien, Bergeron et Larocque, 1995, p. 220) ; Ojibwas de Sault-Sainte-Marie (Thwaites, 1959, vol. 54, p. 146) et Illinois au sud du lac Michigan (*ibid.*, vol. 67, p. 166).

18. Ils déposaient leurs défunts « [...] en un lieu où ils avoient un écha-faud bâti exprès, élevé de huit à dix pieds sur lequel ils mettaient une bière, et l'y laissaient environ un an, jusqu'à ce que le Soleil eut entiè-rement desséché le cadavre. [...] Le bout de l'an étant passé & le codavre [*sic*] sec on l'ôtait de là, et on le portoit en un autre endroit qui est leur cimetière où on le mettait en un coffre ou bière neuve aussi d'écorce de bouleau, et incontinent après dans une grande fosse qu'ils avaient faite dans la terre » (Chrétien, Bergeron et Larocque, 1995, p. 219).

19. Au début du XXᵉ siècle, Speck avait noté cette expression chez les Innus.

20. Tsa'kap tua le castor.

21. Sans doute une erreur de traduction ; ici, c'est le garçon qui parle.

22. Aucune indication n'est fournie quant à la langue utilisée lors des prestations d'Ishtet Woiche. On ne sait pas non plus si le docteur Merriam eut recours aux services d'un interprète. L'épouse de Woiche et la fille de Merriam auraient parfois assisté à certaines des rencontres entre les deux hommes. La première aurait même raconté à Zenaida, la fille du médecin, quelques-unes des aventures du *trickster* Coyote qu'on retrouve au chapitre 17 de l'ouvrage.

23. Ce pluriel renvoie au groupe dans lequel vit leur mère.

DEUXIÈME RÉCIT

1. Gigantesque et couvert d'une toison, il est ici le pourvoyeur de gibier pour les chasseurs. Selon une version recueillie à Pakua-shipit en 1971, Mistapeu arriva lorsque le soleil fut rendu assez haut dans le ciel (Savard, 1979, p. 44).

2. Entité imaginaire, gigantesque et velue comme Mistapeu, mais dont elle se distingue radicalement puisqu'elle se nourrit d'humains.

3. Au printemps, quand le dégel immobilise les gens pendant plusieurs jours, ils en profitent pour s'épouiller.

4. Ce détail visuel est malheureusement perdu.

5. Le conteur fait ici allusion à la technique consistant, avant de faire cuire le porc-épic, à le débarrasser de ses piquants en le roulant rapidement dans une flamme vive.

6. Technique de cuisson : le porc-épic est fixé à une des extrémités d'une corde, l'autre étant reliée au bout d'un bâton fiché en terre près d'un feu, avec un angle de 45 degrés. Tortillée de temps à autre, la corde se déroule lentement en faisant tourner la pièce de viande.

7. Mistapeu ne veut pas priver les futurs humains d'une partie du gibier dont il prévoit qu'ils seront friands.

8. Mistapeu évoque sans doute la fin du récit, alors que cet enfant quittera définitivement ses parents pour aller le retrouver.

9. Jeu favori des garçonnets, comme le récit de Tshakapesh nous l'a appris.

10. Sans doute les deux vieilles rencontrées peu après le départ de l'expédition.

11. La situation devenant plus délicate que prévu, le silence était donc d'autant plus important.

12. La perception visuelle de ces deux vieilles n'était sans doute plus très bonne, puisqu'elles crurent effectivement voir passer un orignal. Leur élocution n'étant également plus ce qu'elle avait été, on les entendit crier : « Votre grand-père traverse à la nage », alors qu'elles disaient sans doute : « Votre orignal traverse à la nage. » Les deux énoncés sont presque identiques en innu.

13. « *Tsheka mamishkutshipanu eshpa nipan mak pipun !* », soit *mamishkut,* « tour à tour », et *mishkutshipanu,* « quelque chose change de place » (Drapeau, 1991).

14. Le caribou se nourrit de lichen.

15. Nous verrons plus loin que, à un premier niveau, la distinction hiver-été épuise la totalité de l'année lunaire.

16. En vue de préparer à boire ou à manger pour les visiteurs.

17. Le nom de cette espèce renverrait directement à ce récit. Un auteur analyse ainsi ce terme : « "le petit bonnet de bébé" ; kâ- : "celui qui" (préverbe), + -u- : "son, sa ; le, la… de quelqu'un, d'un animal" (préfixe possessif défini ou indéfini), + -t- : les préfixes ajoutent "t" devant une voyelle, + -uâss- : "bébé", + -akuanishkue- : "bonnet", + ishi- : diminutif, + -t : 3.s./ conj. » (Clément, 1995, p. 536). Sur cette base, Clément proposait l'identification suivante : pinson à gorge blanche (*Zonotrichia albicollis*), pinson à couronne blanche (*Zonotrichia leucophrys*) ou roitelet à couronne dorée *(Regulus satrapa).*

DEUXIÈME RÉCIT • COMMENTAIRE

18. Le premier récit a établi que la pêche était une activité à connotation féminine.

19. Le troisième récit expliquera pourquoi la graisse est disposée différemment sous la peau de diverses espèces animales.

20. Cette terminologie a aussi été retrouvée chez les Ojibwas du lac Timigami (Speck, 1915a, p. 63, n. 1).

21. Voir la bibliographie fournie par Véronique Duval, dans une étude comparative de ce rituel. Au terme de ce travail, l'auteur concluait ainsi : « [...] mon exploration comparative a surtout permis de dégager des indices qui appuient l'hypothèse d'une origine algonquienne de la tente tremblante. Il me paraît clair que la probabilité que la tente tremblante soit un rituel proto-algonquien, qui aurait suivi les migrations algonquiennes, est plus forte que celle de l'emprunt en chaîne, sur une aire immense, à partir d'un groupe X » (Duval, 2001, p. 107-108).

22. Les dictionnaires de l'innu contemporain traduisent *akuatshishikau* par « il est tard, le jour est avancé » (Mailhot et Lescop, 1977) ou « le jour est avancé, c'est en plein jour » (Drapeau, 1991). D'une façon ou d'une autre, on peut dire que *mistapeu* coïncide avec le zénith, alors qu'*atshen* serait identifié au nadir.

23. *Khitchikouai* est devenu aujourd'hui *tshishiku* (jour, temps, air), que nous avons rencontré dans l'expression *apita-tshishikau* (milieu du jour, zénith). Autre changement linguistique interne, selon José Mailhot : « Le fait que [...] *k* change à *tsh* s'est aussi produit en anglais, où le mot *kurk* est devenu *church* » (Mailhot, 2003).

24. Ces chants décrivent l'intérieur du corps de la femme comme « un itinéraire compliqué, véritable anatomie mythique correspondant moins à la structure réelle des organes génitaux, qu'à une sorte de géographie affective, identifiant chaque point de résistance et chaque élancement ».

25. Emmanuel Désveaux avait noté ce premier niveau de découpage saisonnier chez les autres Algonquiens que sont les Ojibwas de Big Trout Lake (nord-ouest de l'Ontario) (Désveaux, 1988, p. 29).

26. Les données suivantes, sur les lunes et leurs noms, sont tirées d'un ouvrage portant sur le déroulement du cycle annuel (mai 1982 à avril 1983) de la vie de chasse et de pêche de la famille d'Hélène et

William-Mathieu Mark, d'Unaman-shipit. Cette année-là, le photographe Serge Jauvin avait suivi tous les déplacements de cette famille. En plus de recueillir les propos d'Hélène et William-Mathieu, il a tiré de cette expérience une remarquable « exposition itinérante constituée de 200 photographies [...], qui allait circuler, de 1981 à 1985, de Mashteuiatsh, au Québec, jusqu'à Amsterdam, en Hollande » (Jauvin, 1993, p. 5).

27. Les missionnaires ayant choisi sainte Anne comme patronne des « Montagnais », le 26 juillet devint à une certaine époque la fête « nationale » des Innus.

28. Les éléments de base de ce plat national seront mentionnés plus loin.

29. Le terme employé ici est *shakau,* l'aulne crispé, *Alnus viridi,* Chaix DC. Var. *sinuata* Gegel (= *A. crispa* var. *mollis*). L'espèce sert « lors d'un rituel pour rendre le temps plus doux : quelques branches sont chauffées avec ou sans huile de phoque ; ces branches sont ensuite enfoncées dans le sol ou la neige par quelqu'un né durant l'été (Clément, 1990, p. 104).

TROISIÈME RÉCIT

1. Aiasheu s'adresse ici à son fils. Le conteur semble s'être interrompu dès les premiers mots de son récit. Nous reviendrons sur ce faux départ.

2. *Aiasheu* + suffixe diminutif *-esh* = *Aiashesh* (*Aiasheu* fils).

3. On comprend que le père envoie cette fois son fils explorer l'autre versant de l'île.

4. Espèce d'insecte du genre léthocère *(Lethocerus americanus)* communément appelée « barbeau » (Mailhot et Lescop, 1977). Nous reviendrons sur cet important personnage.

5. Lorsque je demandai au conteur comment les gens l'avaient appris, il répondit que c'était peut-être grâce aux animaux auxquels l'enfant avait demandé de le ramener, possiblement le goéland.

6. *Pitshu,* « gomme, résine ». On se souviendra que, selon une des variantes du récit de Tshakapesh, les testicules du père, lancés dans un conifère, s'étaient transformés en bulles de résine durcie.

7. Pilon en pierre servant, entre autres usages, à broyer les os longs du

caribou pour la préparation d'un mets sur lequel le récit reviendra plus loin.

8. *Pitshikeshkeshîsh*, « mésange à tête brune » *(Parus hudsonicus)* (Clément, 1995, p. 548).

9. Mets de luxe mangé lors des grandes occasions (mariages, sépultures, visites, etc.). Recette de base : pulvériser les extrémités des os longs du caribou au moyen d'un pilon en pierre ; introduire dans cette poudre quelques rondelles de moelle tirée de la portion longue de l'os, afin de donner de la consistance au produit fini ; mettre le tout à bouillir. Une fois terminé, le *pimi* se présente comme une graisse blanchâtre ayant la consistance du beurre. On le consomme en petites portions, en raison de sa rareté. Véritable mets national produit sur le feu domestique à partir de la substance même des os de l'animal emblématique de cette culture de chasse, le *pimi* est en quelque sorte l'inverse de cette autre graisse animale ne résultant d'aucune intervention humaine *(uin)*, qu'on trouve sous la peau du gibier (castor, loup marin, lièvre, etc.).

TROISIÈME RÉCIT • COMMENTAIRE

10. Pour approfondir ce point grammatical, voir Savard, 1969, p. 34-36, et Mailhot et Bouchard, 1973, p. 52.

11. Un dictionnaire français-cri contemporain donne des expressions assez similaires pour « gros serpent » *(mishichi chi'nâpouk)* et « dragon » *(ka mi'shichitit chi'nâpouk)* (Vaillancourt, 1992).

12. En innu, *mistapishu*, « grand loup-cervier » *(Felix canadensis)*.

13. Dènés (Canada, Territoires du Nord-Ouest), Haïdas (Canada, archipel de la Reine-Charlotte et côte de la Colombie-Britannique), Dakotas (États-Unis, États du Wisconsin, du Minnesota et de l'Iowa), Makah (États-Unis, État de Washington), etc.

14. Peuples de langue maya dans l'État du Chiapas (Laughlin, 1977, p. 155-156) et Goajiros du Venezuela (Perrin, 1976, p. 95-96).

15. Benedict (1923) ; Radin (1926) ; Blumensohn (1933) ; Rogers (1962) ; Landes (1968) ; Hallowell (1976).

QUATRIÈME RÉCIT

1. Tsheshei marche plus vite que les siens. Pourtant, on vient de l'abandonner sous prétexte qu'il ne pouvait plus suivre le groupe.

2. Il s'agit de pimi, qu'Aiasheu avait offert à son fils pour l'amadouer (troisième récit).

3. Lors d'une conversation, le conteur précisa que Tsheshei commit à ce moment l'erreur qui le perdra plus tard : il oublia de regénérer son organe génital. La variante de Nutashkuan décrit le processus de rajeunissement de façon plus détaillée. À la fin de son récit, le conteur dit : « *Uipeta eunkuannua uentsissit. Unamashine apu tukuannit, eunkuannu nu uentsissit* [Ses dents, voilà ce qu'il a oublié. Son "machin", il ne l'a pas, voilà ce qu'il a oublié]. » Nous verrons plus loin le sens de ces deux omissions.

4. Tsheshei joue son rôle de jeune homme en quête d'épouse, mais il sait bien que son fils et sa bru sont là et qu'ils cherchent un conjoint pour sa petite-fille en âge de se marier.

5. En brisant leur cabane, on fait fuir les castors par le tunnel de sortie donnant sous l'eau. C'est alors que des gens essaient de les attraper aux divers trous pratiqués dans la glace recouvrant le plan d'eau. Tsheshei prétend se réserver la tâche la plus difficile, mais on verra qu'il n'en est rien. De plus, il se paie un peu la tête de ses compagnons en faisant état de son expertise en matière de perforation de cabane !

6. C'est donc pour se tenir lui-même au chaud, et nullement pour éviter que ses partenaires ne souffrent du froid, que Tsheshei s'était réservé cette tâche. Cette disparition dans la vase n'en préfigure pas moins le sort qui lui sera réservé en fin de récit.

7. On ramène son castor en le traînant sur la neige. Une corde est fixée à la tête de l'animal, pour qu'il puisse glisser dans le sens des poils. Il arrive parfois que, le castor s'accrochant aux obstacles du chemin, celui qui vient derrière aide son compagnon en poussant la bête au moyen d'un bâton.

8. Ce passage est difficile à traduire. Il semble que le morceau durci par le feu, que Tsheshei avait préalablement introduit dans le boyau, facilite la mastication et supplée à l'absence de dents.

9. Selon le traducteur Matthew Rich, il arrive souvent, dans de telles circonstances, que la mère prépare le repas pour le jeune couple.

10. Dans la situation où il se trouve, la question des dents est un point assez délicat. On comprendra bientôt pourquoi.

11. Les choses se déroulent ainsi lorsqu'une chasse se termine tard en soirée. On se contente alors d'éviscérer les bêtes, avant de retourner dormir au campement. Le lendemain, tous déménagent sur les lieux de la chasse. Souvent, on entrera les carcasses dans les tentes pour les faire dégeler lentement. Comme on est à la veille du printemps, les tentes sont encore chauffées. Quelques jours plus tard, on s'installera à l'extérieur pour faire boucherie et procéder aux diverses transformations : préparation du *pimi,* fermentation du sang auquel on mélange les végétaux non encore digérés que contiennent les panses de ces ruminants, grattage des peaux, etc.

QUATRIÈME RÉCIT • COMMENTAIRE

12. Si l'officiant souhaite affronter les *mistapeu* malfaisants, il continue à pivoter au-delà du point correspondant au soleil levant, « déchaînant les *mistapeu* situés du côté de la nuit, ceux qui sont capables de le tuer » (Vincent, 1973, p. 72).

13. Sans doute le même toponyme que celui dont parle la variante précédente.

14. « Parce qu'on en a trouvé dans de vieux tombeaux et autres lieux insolites, on a cru longtemps que les crapauds pouvaient vivre enfermés et à jeun pendant plusieurs siècles. Tel n'est pas le cas. Si ces animaux doivent à leur venin une longévité supérieure à celle de beaucoup d'autres bêtes à sang chaud et atteignent peut-être les cent ans, leur résistance au jeûne ne dépasse guère une année ou deux » (Mélançon, 1950, p. 84).

15. Commentant les rapports entre alimentation et reproduction dans la mythologie grecque, en introduction aux magnifiques *Jardins d'Adonis,* de Marcel Detienne, Jean-Pierre Vernant écrivait : « [...] le mariage est à la consommation sexuelle ce que le sacrifice est à la consommation de nourriture carnée, tous deux assurent aux humains la continuité d'existence, le sacrifice, en permettant à l'individu de subsister pendant la vie, le mariage en lui donnant le moyen de se perpétuer, après la mort, dans un enfant » (Detienne, 1972, p. XI).

COSMOLOGIE ALGONQUIENNE

1. Cela n'a cependant pas empêché quelques chercheurs de qualité de s'y intéresser. Qu'il suffise, pour s'en rendre compte, de lire les premiers travaux du préhistorien André Leroi-Gourhan sur l'art comparé de l'Eurasie septentrionale (1943) et sur les matériaux archéologiques révélateurs des relations entre les peuples riverains d'Asie et d'Amérique (1946). Déjà, en 1945, la revue *Renaissance,* de l'École libre des hautes études de New York, publiait un article de Claude Lévi-Strauss, dans lequel l'auteur évoquait avec la plus grande prudence des rapports entre l'art amérindien de la côte nord-ouest du Canada et l'art de la région de l'Amour, de la Sibérie, de la Chine, de la Nouvelle-Zélande, « et peut-être même de l'Inde et de la Perse » (Lévi-Strauss, 1958, p. 270). Onze ans plus tard, un spécialiste de l'art précolombien écrivait : « Il y a une similarité intrigante entre, d'une part, l'esprit et les styles de l'art propre à certaines cultures amérindiennes et, d'autre part, les arts de la Chine pré-bouddhiste, de la Malaisie et des mers du Sud » (Covarrubias, 1954, p. 29). C'était à l'époque où l'orientaliste Alfred Foucher écrivait : « Nous aurons bien des choses à apprendre quand nous cesserons d'étudier séparément l'histoire de l'Europe et celle de l'Asie, ces deux parties d'un même tout » (cité par Du Breuil, 1989, p. 11). La seconde moitié du XXe siècle lui a donné raison. À titre d'exemple, on peut citer *La Route de la soie,* de Luce Boulnois, révisé et augmenté trois fois depuis sa parution à Paris en 1963 (1986, 1992, 2001).

2. Quelques années auparavant, dans un petit rapport de recherche relatif aux motifs décoratifs des vases en bronze de la Chine ancienne, cet auteur avait noté la présence de l'oiseau portant un serpent en son bec (Leroi-Gourhan, 1936, p. 22-23).

3. C'est le cas des Toungouzes du cercle de Tourounkansk, des Samoyèdes orientaux, des Iouraks, des Téléoutes de l'Altaï, des Ostiaks de Tremjougan, des Bouriates, etc. (Harva, 1959, p. 146).

4. Selon Masson, les gens invoquent le dieu de l'orage ou ses fils, « afin qu'ils assurent aux pays la prospérité au cours de l'année qui vient, prospérité liée à la tombée des pluies dont ils sont détenteurs » (Masson, 1991, p. 98). En fait, cette confrontation entre le dieu de l'orage et le serpent Illyanka se faisait en deux temps : l'un qui marquait la victoire du serpent, l'autre celle de l'orage. Le tout symbolisait, « au

niveau cosmique, la lutte entre la mauvaise et la belle saison » (*ibid.*, p. 100).

5. Cette déesse engendra des « Dragons-géants aux dents pointues [...] dont elle emplit le corps de venin en guise de sang », des « Léviathans féroces », des « Hydres », des « Dragons-formidables », des « Monstres-marins », des « Lionceaux colossaux », des « Hommes-scorpions », des « Hommes-poissons », etc. (Gaster, 1953, p. 63 ; Bottéro et Kramer, 1989, p. 609-610).

6. Pl. III, *L'Oiseau de l'orage*, d'après un bas-relief de Lagash du IIIe millénaire av. J.-C., musée du Louvre, et Pl. IV, *Le Dieu hittite de l'orage*, d'après un relief trouvé à Babylone, datant environ du dernier millénaire av. J.-C.

7. « Les Chinois ont la conviction, depuis la plus haute Antiquité, qu'il est possible de prédire l'avenir [...] par des procédés fournissant des réponses de type oui-ou-non. La plus ancienne de ces techniques est sans aucun doute la scapulimancie ; elle consiste à chauffer des carapaces de tortue ou des omoplates de bœuf ou de chevreuil au moyen d'une pièce de métal incandescente, et à interpréter ensuite les fissures résultant d'une telle opération » (Needham, 1956, p. 347).

8. Il s'écrit *bu* en pinyin et se prononce comme le *ou* du français *loup* modulé en troisième ton du mandarin (chute et remontée). Ce mémographe signifie « (1) Pratiquer l'ostéomancie, la scapulimancie. (2) Pratiquer la divination en général. (3) Pronostiquer, présager, prédire, deviner. (4) Choisir (choix de résidence, de relation matrimoniale, de départ en voyage, etc., décidés par consultation des devins) » (*ibid.*, p. 214).

LE DROIT, LA SOUVERAINETÉ ET LES ARBRES

1. Eleanor Leacock a écrit à ce sujet : « D'animaux immédiatement consommés qu'ils étaient, puisque leur viande était mangée et leur fourrure utilisée, le castor et les autres animaux à fourrure se sont transformés en marchandises et en biens possédés individuellement, pour être échangés contre des biens dont les Indiens étaient devenus de plus en plus dépendants » (Leacock, 1981, p. 21).

2. Ce texte de 1982 est un bref résumé du rapport, non publié, de 1980.

ANNEXE 1

1. Les bases linguistiques et archéologiques sur lesquelles s'appuie une telle hypothèse sont exposées dans un article (Schultz et autres, 2001, p. 470-471). Les auteurs jugent cependant que ces éléments ne permettent pas encore de confirmer la migration en provenance de l'Ouest.

ANNEXE 2

1. Né dans le cadre du département d'anthropologie de l'Université de Montréal vers la fin des années 1960, ce groupe de recherche s'en est rapidement détaché. Il regroupait à l'origine José Mailhot, Sylvie Vincent, Madeleine Lefebvre, Claude Lachapelle, Joséphine Bacon et moi-même.

2. Pien Peters devait être âgé d'environ 55 ans lorsque j'enregistrai son récit à Saint-Augustin. Son ancêtre Joseph Peters, dit l'Abénaquis, aurait épousé la veuve de Pierre Bellefleur, qui fut l'arrière-grand-père du conteur de ce récit de La Romaine (Mailhot, communication personnelle).

Bibliographie

Manuscrits non publiés

BAXTER, David, 1896, « The Adventure of Cha-ka-bish », Archives publiques du Canada, Robert Bell's Papers, M.G. 29, B. 15., vol. 32.

DAWSON, Nelson-Martin, 2001, *Feu, fourrures et foi déplacèrent les Montagnais. Histoire et destin de ces tribus nomades d'après les archives de l'époque coloniale,* rapport manuscrit déposé à Hydro-Québec.

GORDON, C. (Hudson Bay boy. Ruppert House, March 13/95), 1895, « The Story of Iashasish », Archives publiques du Canada, 6-11-1-003.

LANARI, Robert et Madeleine Lefebvre, 1967a, « Mistapeu », dans *Collection de récits innus,* Laboratoire d'anthropologie amérindienne, 1-7-3-4.

—, 1967b, « Le crapaud », dans *Collection de récits innus,* Laboratoire d'anthropologie amérindienne, 1-7-4-38.

—, 1967c, « L'homme du Grand Lac », dans *Collection de récits innus,* Laboratoire d'anthropologie amérindienne : 1-7-4-102.

McPHERSON, John T., 1930, « An Ethnological Study of the Abitibi Indians », Archives publiques du Canada, MG 38N. 1140. 1 B. 49, F. 11.

MAILHOT, José, 2003, *Mémoire soumis à la Commission des institutions dans le cadre de la consultation générale à l'égard du document intitulé*

Entente de principe d'ordre général entre les Premières Nations de Mamuitun et de Natashquan et le gouvernement du Québec et le gouvernement du Canada.

MAILHOT, José, Peter Armitage et autres, 1982-2003, *Banque de données généalogiques sur les Innus du Québec-Labrador.*

MAILHOT, José et Sylvie Vincent, 1980, *Le Discours montagnais sur le territoire,* rapport inédit préparé pour le Conseil attikamek-montagnais, Québec.

MATIVAT, Geneviève, 2003, *L'Amérindien dans la lorgnette des juges. Le miroir déformant de la justice,* Montréal, Recherches amérindiennes au Québec.

MOWAT, Rév., 1892, « Cha-Ka-pash and the Giants », Archives publiques du Canada, Robert Bell's Papers, M.G. 29, B. 15., vol. 32.

NOËL DE TILLY, Benoit, 1967, « Tsheshaï », dans *Collection de récits innus,* Laboratoire d'anthropologie amérindienne, 1-7-7-5.

SAVARD, Rémi, « Variante du récit de Mistapeu », dans *Collection de récits innus,* Laboratoire d'anthropologie amérindienne, 1-7-0-4.

SPECK, Frank G., 1913, « Some Naskapi Myths from Little Shale River », *Speck Papers 1429-19,* Archives de la Smithsonian Institution, Washington.

Ouvrages publiés

ARUTIUNOV, S. A. et William W. Fitzhugh, 1988, « Prehistory of Siberia and the Bering Sea », dans *Crossroads of Continents. Cultures of Siberia and Alaska,* Washington (D.C.), Smithsonian Institution Press, p. 117-129.

AUBIN, George F., 1975, *A Proto-Algonquian Dictionary,* Ottawa, Musée national de l'homme, coll. « Mercure », Service canadien d'ethnologie, dossier n° 29.

BARRIAULT, Yvette, 1971, *Mythes et rites chez les Montagnais,* Québec, Imprimerie Laflamme.

BASILE, Marie-Jeanne et Gérard E. McNulty (recueillies, transcrites et traduites par), 1971, *Atanukana. Légendes montagnaises/Montagnais Legends,* préface de Luc Lacourcière, Québec, Centre d'études nordiques, Université Laval, coll. « Nordicana », n° 38.

BAUER, George, 1966, « Tales of Chikapash told by Thomas Rupert to George Bauer », *The Beaver,* vol. 296, n°s 53-54.

BELLEFLEUR, François, 1975, *Nitishitshiskutamakuitana,* Romaine (Québec), Imprimerie Vaillancourt.

BENEDICT, Ruth Fulton, 1923, *The Concept of Guardian Spirit in North America,* Menasha (Wisconsin), Memoirs of the American Anthropological Association, n° 29.

Bible (La), 2001, traduction de F. Boyer et J. L'Hour, Paris/ Montréal, Bayard/Médiaspaul.

BIDEAUX, Michel (dir.), 1986, *Relations/Jacques Cartier,* édition critique, Montréal, Presses de l'Université de Montréal.

BLACK, Lydia T., 1988, « Peoples of the Amur and Maritime Regions », dans W. W. Fitzhugh et A. Crowell, *Crossroads of Continents, Cultures of Siberia and Alaska,* Washington (D.C.), Smithsonian Institution Press, p. 24-31.

BLUMENSOHN, Jules, 1933, « The Fast among North American Indians », *American Anthropologist,* n° 35, p. 451-469.

BOAS, Franz, 1918, « Kutenai Tales », *Bureau of American Ethnology,* Washington (D.C.), Smithsonian Institution.

BORROR, Donald J. et Richard E. White, 1991, *Les Insectes de l'Amérique du Nord (au nord du Mexique),* Laprairie (Québec), Broquet.

BOTTERO, Jean et Samuel Noah Kramer, 1989, *Lorsque les dieux faisaient l'homme. Mythologie mésopotamienne,* Paris, Gallimard.

BOULOIS, Luce, 2001, *La Route de la soie. Dieux, guerriers et marchands,* Genève, Olizane.

BOXBERGER, Daniel L. (dir.), 1990, *Native North Americans. An Ethnohistorical Approach,* Dubuque (Iowa), Kendal/Hunt Publishing Company.

BRASSEUR DE BOURBOURG (abbé), 1852, *Histoire du Canada, de son église et de ses missions,* tome I, Paris, Société de Saint-Victor pour la propagation des bons livres.

BRIGHTMAN, Robert A., 1989, *Traditional Narratives of the Rock Cree Indians,* Hull (Québec), Musée canadien des civilisations, Service canadien d'ethnologie, coll. « Mercure », cahier n° 113.

BURT, William H. et Richard P. Grossenheider, 1992, *Les Mammifères de l'Amérique du Nord (au nord du Mexique),* traduit et adapté de *Mammals of North America North of Mexico* (Boston, Houghton Mifflin Company, 1976) par Françoise Harper, Laprairie (Québec), Broquet.

CANADA, 1996, *Vers un ressourcement,* rapport de la Commission royale sur les peuples autochtones, vol. 3.

CERTEAU, Michel de, 1974, *La Culture au pluriel,* Paris, Union générale d'éditions, coll. « 10/18 ».

CHAMBERLAIN, A. F., 1890, « The Thunder-Bird amongst the Algonkins », *American Anthropologist,* n° 3, p. 51-54.

CHERNETSOV, Valeriy Nikolayevich, 1963, « Concepts of the soul among the Ob Ugrians », dans Henry N. Michael (dir.), *Studies in Siberian Shamanism,* n° 4, Arctic Institute of North America, Anthropology of the North, Toronto, University of Toronto Press, p. 3-45 (traduit de *Trudy Instituta etnografic Akademii nauk SSSR,* vol. 51, 1959, p. 114-156).

CHRÉTIEN, Yves, André Bergeron et Robert Larocque, 1995, « La sépulture historique ancienne du site Lambert (CeFu-12) à Saint-Nicolas », dans *Archéologie québécoise,* textes réunis sous la direction d'Anne-Marie Balac, Claude Chapdelaine, Normand Clermont et François Duguay, Montréal, Recherches amérindiennes au Québec, coll. « Paléo-Québec », n° 23.

CLÉMENT, Daniel, 1990, *L'Ethnobotanique montagnaise de Mingan,* Québec, Centre d'études nordiques de l'Université Laval, coll. « Nordicana », n° 53.

—, 1995, *La Zoologie des Montagnais,* Paris, Peeters.

COOPER, John M., 1928, « Northern Algonkian Scrying and Scapulimancy », *Fetschrift Publication d'Hommage offered to P. W. Schmidt,* Vienne, p. 205-217.

—, 1936, « Scapulimancy », *Essays in Anthropology presented to A. L. Kroeber in Celebration of His Sixtieth Birthday June 11, 1936,* Berkeley, University of California Press, p. 29-42.

COVARRUBIAS, Miguel, 1954, *The Eagle, the Jaguar, and the Serpent. Indian Art of the Americas. North America : Alaska, Canada, The United States,* New York, Alfred A. Knopf.

D'ANS, André-Marcel, 1991, *Le Dit des Vrais Hommes. Mythes, contes, légendes et traditions des Indiens Cashinahua,* Paris, Gallimard, coll. « L'aube des peuples ».

DENYS, Nicolas, 1908, *Description géographique et historique des costes de l'Amérique septentrionale. Avec l'histoire naturelle du païs* [1672], Toronto, The Champlain Society.

DESJARDINS, C., 2001, *La Presse,* 12 mars, p. A-10.

DÉSVEAUX, Emmanuel, 1988, *Sous le signe de l'ours. Mythes et temporalité chez les Ojibwa septentrionaux*, Paris, Éditions de la maison des Sciences de l'Homme.

DETIENNE, Marcel, 1972, *Les Jardins d'Adonis. La mythologie des aromates en Grèce*, préface de J.-P. Vernant, Paris, Gallimard.

DE VISSER, M. W., 1913, *The Dragon in China and Japan*, Amsterdam, Johannes Müller.

DEWDNEY, S. et K. E. Kidd, 1962, *Indians Rock Paintings of the Great Lakes*, Toronto, University of Toronto Press.

—, 1975, *The Sacred Scrolls of the Southern Ojibwa*, Toronto, University of Toronto Press.

DICKERSON, Mary C., 1969, *The Frog Book. North American Toads and Frogs, with a Study of the Habits and Life Histories of Those of the Northeastern States*, New York, Dover.

DOMINIQUE, Richard, 1989, *Le Langage de la chasse. Récit autobiographique de Michel Grégoire, Montagnais de Natashquan*, Sillery (Québec), Presses de l'Université du Québec.

DORAIS, Louis-Jacques, 1992, « Les langues autochtones d'hier à aujourd'hui », dans Jacques Maurais (dir.), *Les Langues autochtones du Québec*, Québec, Publications du Québec, Conseil de la langue française, dossier 35.

DRAPEAU, Lynn, 1990, *Lexique montagnais de la santé : glossaire montagnais-français avec index français-montagnais*, Wendake (village des Hurons près de Québec), Institut éducatif et culturel Attikamek-Montagnais.

—, 1991, *Dictionnaire montagnais-français*, Sillery (Québec), Presses de l'Université du Québec.

DU BREUIL, Paul, 1989, *Des dieux de l'ancien Iran aux saints du bouddhisme, du christianisme et de l'islam : histoire du cheminement allégorique et iconographique de l'image divine, de l'auréole sacrée et des anges dans le monde euro-asiatique*, Paris, Dervy-Livres.

DUVAL, Véronique, 2001, *Le Rituel de la tente tremblante comme héritage algonquien : exploration comparative*, mémoire de maîtrise, Département d'anthropologie, Université de Montréal, décembre.

EELLS, Myron, 1889, « The Thunder Bird », *American Anthropologist*, n° 2, p. 329-336.

ELLIS, C. Douglas (dir.), 1995, *Âtalohkâna nêsta tipâcimôwina. Cree Legends and Narratives from the West Coast of James Bay. Texts and*

Translation, Publications of the Algonquian Text Society, Winnipeg (Manitoba), University of Manitoba Press.

FABRE, Daniel, 1988, « Le maître des oiseleurs », dans Antonin Perbosc (dir.), *Le Langage des bêtes. Mimologismes populaires d'Occitanie et de Catalogne,* textes édités par Josiane Bru, préface de Daniel Fabre, Carcassonne, GARAE/HESIODE.

FOSTER, M. K., 1974, *From the Earth to beyond the Sky : An Ethnographic Approach to Four Longhouse Iroquois Speech Events,* Ottawa, Service canadien d'ethnologie, dossier n° 20, Musée national de l'homme, coll. « Mercure », Musées nationaux du Canada.

GASTER, T. H., 1953, *Les Plus Anciens Contes de l'humanité. Mythes et légendes d'il y a 3 500 ans (Babyloniens, Hittites, Cananéens), récemment déchiffrés et avec des commentaires,* traduction de S. M. Guillemin, Paris, Payot.

GERNET, Jacques, 1972, *Le Monde chinois,* Paris, Armand Colin.

GIGUÈRE, G. E. (présenté par), 1973, *Œuvres de Samuel de Champlain,* Montréal, Éditions du Jour, t. I et II.

GODDARD, Ives, 1975, « Algonquian, Wiyot, and Yurok : Proving a distant genetic relationship », dans Marvin Dale Kinkade, Kenneth Locke Hale et Oswald Werner (dir.), *Linguistics and Anthropology : In Honor of C. F. Voegelin,* Lisse, Peter de Ridder Press, p. 249-262.

—, 1996 (carte préparée par) *Native languages and language families of North America,* pour accompagner *Handbook of North American Indians,* vol. 17, coll. « Languages », Washington (D.C.), Smithsonian Institution.

GOUDREAU, Serge, 2000, « Les familles Bellefleur de souche montagnaise », *Mémoires de la Société généalogique canadienne-française,* numéro d'automne, p. 195-206.

GRAMMOND, Sébastien, 2003, *Aménager la coexistence. Les peuples autochtones et le droit canadien,* Bruxelles, Bruylant, coll. « Droit, Territoires, Cultures ».

HALLOWELL, A. J., 1971, *The Role of Conjuring in Saulteux Society,* Publications of the Philadelphia Anthropological Society, vol. 2, Philadelphie, University of Philadelphia Press (réimpression de l'édition de 1942 chez Octagon Books, New York, 1971).

—, 1976, *Selected Papers of A. Irving Hallowell,* Chicago, University of Chicago Press.

HARVA, Uno, 1959, *Les Représentations religieuses des peuples altaïques,* traduit de l'allemand par Jean-Louis Perret, Paris, Gallimard.

HEIDEL, Alexander, 1963, *The Gilgamesh Epic and the Old Testament Parallels. A Translation and Interpretation of the Gilgamesh Epic and Related Babylonian and Assyrian Documents,* Chicago, University of Chicago Press.

HEWSON, John, 1993, *A Computer-generated Dictionary of Proto-Algonquian,* Ottawa, Musée canadien des civilisations, Service canadien d'ethnologie, coll. « Mercure », dossier n° 125.

HOFFMAN, W. J., 1891, « The Mide'wiwin or "Grand Medecine Society" of the Ojibwa », Bureau of American Ethnology, *Seventh Annual Report, 1885-1886,* Washington (D.C.), p. 143-300.

ISHPATAO, B., S. Bellefleur et D. Mestakosho, 1979, *Tsakapesh,* Natashquan (Québec).

JACOB, Robert, 1994, *Images de la Justice. Essai sur l'iconographie judiciaire du Moyen Âge à l'âge classique,* Paris, Le Léopard d'or.

JAUVIN, Serge, 1993, *Aitnanu. La vie quotidienne d'Hélène et de William-Mathieu Mark. Propos recueillis et photographies. Témoignages traduits du montagnais,* traduction des récits autobiographiques : Thérèse-Adélaïde Bellefleur, Sylvestre Bellefleur et Alexis Joveneau, sous la direction de Daniel Clément, Montréal/Hull, Libre Expression/ Musée canadien des civilisations.

JENNESS, Diamond, 1963, *Indians of Canada,* Musée national du Canada, bulletin 65, série anthropologique n° 15, Ottawa, Imprimeur de la Reine.

JENNINGS, Francis, 1993, *The Founders of America,* New York, W. W. Norton and Company.

JERISON, Harry J., 1976, « Paleoneurology and the Evolution of minds », *Scientific American,* janvier, p. 90-102.

JONES, William et Michelson Truman, 1919, *Ojibwa Texts,* Publications of the American Ethnological Society, vol. VII, 2e partie, New York.

KRAMER, Pat, 1999, *Totem Poles,* Canmore (Alberta), Altitude Publishing Canada.

LALANDE, Jeff, 1991, *The Indians of Southwestern Oregon : An Ethnohistorical Review,* Corvalis (Oregon), *Anthropology Northwest,* n° 6, Department of Anthropology, Oregon State University.

LAMOTHE, Arthur, sans date, a, *Culture amérindienne. Archives,* document 1, *Tshakapesh*, 1re partie, Montréal, Les Ateliers audio-visuels du Québec.

—, sans date, b, *Culture amérindienne. Archives,* document 3, *Aiasheu,* Montréal, Les Ateliers audio-visuels du Québec.

—, sans date, c : *Culture amérindienne. Archives,* document 4, *L'enfant qui avait trop de poux,* Montréal, Les Ateliers audio-visuels du Québec.

LANDES, Ruth, 1968, *Ojibwa Religion and the Midéwiwin,* Madison (Wisconsin), University of Wisconsin Press.

LASCH, R., 1902, « Die Ursache and Bedeuntung der Erdbeben im Volks-glauben und Volksbrauch », *Archiv für Religionswissenschaft,* Bd V, Fribourg, p. 23s-257, 59-63.

LAUGHLIN, R. M., 1977, *Of Cabbages and Kings. Tales from Zinacatan,* Smithsonian Contribution to Anthropology, n° 23, Washington (D.C.), Smithsonian Institution Press.

LEACOCK, Eleanor Burke, 1969, « The Montagnais-Naskapi Band », dans David Damas (dir.), *Contributions to Anthropology : Band Socie-ties,* Ottawa, Musées nationaux du Canada, bulletin 228, série anthro-pologique n° 84, p. 1-17.

—, 1981, *Myths of Male Dominance. Collected Articles on Women Cross-Culturally,* New York, Monthly Review Press.

LEACOCK Eleanor B. et Nan A. Rethschild (dir.), 1994, *Labrador Winter. The Ethnographic Journals of William Duncan Strong, 1927-1928,* Washington, Smithsonian Institution Press.

LE CLERQ, Chrestien, 1910, *Nouvelle Relation de la Gaspésie,* Toronto, The Champlain Society.

LEFEBVRE, Madeleine, 1971, *Tshakapesh. Récits Montagnais-Naskapi,* Québec, Éditeur officiel du Québec, coll. « Civilisation du Québec », série « Cultures amérindiennes ».

LE JEUNE, Paul, 1972a, « Relation de ce qui s'est passé en la Nouvelle-France en l'année 1633 », « Relation de ce qui s'est passé en la Nou-velle-France sur le grand fleuve de S. Laurent en l'année 1634 », « Rela-tion de ce qui s'est passé en la Nouvelle-France en l'année 1636 », *Relations des Jésuites,* t. I : *1611-1636,* Montréal, Éditions du Jour.

—, 1972b, « Relation de ce qui s'est passé en la Nouvelle France en l'an-née 1637 », *Relations des Jésuites,* t. II : *1637-1641,* Montréal, Éditions du Jour.

LEMOINE, Georges, 1911, *Dictionnaire français-algonquin,* Québec, L'Action sociale.

LEROI-GOUHRAN, André, 1936, *Archéologie du Pacifique-Nord. Matériaux pour l'étude des relations entre les peuples riverains d'Asie et d'Amérique*, Paris, Institut d'ethnologie.

—, 1943, *Documents pour l'art comparé de l'Europe septentrionale*, Paris, Éditions d'art et d'histoire.

—, LÉVI-STRAUSS, Claude, 1958, *Anthropologie structurale*, Paris, Plon.

—, 1968, *L'Origine des manières de table*, Paris, Plon.

—, 1985, *La Potière jalouse*, Paris, Plon.

—, 1991, *Histoire de Lynx*, Paris, Plon.

LOWIE, Robert H., 1924, « Shoshonean Tales », *Journal of American Folklore*, n° 37, p. 1-242.

MACKENZIE, Armand, 1993, *L'Extinction unilatérale des droits du peuple innu par la législation canadienne : un cas de violation des normes internationales en matière de protection des droits humains*, mémoire soumis à la Commission royale sur les peuples autochtones (Canada), le 17 novembre.

MAILHOT, José, 1983, « À moins d'être son Esquimau, on est toujours le Naskapi de quelqu'un », *Recherches amérindiennes au Québec*, vol. 13, n° 2, p. 85-100.

—, 1993, *Au pays des Innus. Les gens de Sheshatshit*, Montréal, Recherches amérindiennes au Québec, coll. « Signes des Amériques ».

—, 2002, « Une étude historique complètement farfelue », *Le Devoir*, 13 décembre.

MAILHOT, José et Serge Bouchard, 1973, « Discours culturel montagnais, bilan d'une recherche en cours. Structure du lexique : les animaux indiens », *Signes et Langages des Amériques, Recherches amérindiennes au Québec*, vol. 3, n°s 1-2, p. 39-68.

MAILHOT, José et Katérie Lescop (collaboration C. Vollant, J. St-Onge et D. Vachon), 1977, *Lexique montagnais-français du dialecte de Schefferville, Sept-Îles et Maliotenam*, Québec, Direction générale du patrimoine, ministère des Affaires culturelles, dossier 29.

MAILHOT, José et Andrée Michaud, 1965, *Northwest River. Étude ethnographique*, Québec, Université Laval, Institut de géographie.

MAILHOT, José et Sylvie Vincent, 1982, « Le droit foncier montagnais », *Interculture*, vol. 15, n°s 2-3.

MASSON, Émilia, 1991, *Le Combat pour l'immortalité : héritage indo-européen dans la mythologie anatolienne*, Paris, Presses universitaires de France, coll. « Ethnologie ».

MATIVAT, Geneviève, 2001, *L'Amérindien dans la lorgnette des juges. Le miroir déformant de la justice*, Montréal, Recherches amérindiennes au Québec.

MÉLANÇON, Camille, 1950, *Inconnus et Méconnus (Amphibiens et Reptiles de la Province de Québec)*, Québec, Société zoologique de Québec.

MERRIAM, C. Hart (dir.), 1992, *Annikadel. The History of the Achumawi Indians of California*, Tucson, University of Arizona Press [publié originellement sous le titre de *An-Nik-A-Del : The History of the Universe*, Boston (Mass.), Stratford Company, Publishers, 1928].

MESTOKOSHO, Denis, Antoine Ishpatao et Daniel Ishpatao, 1980, *Tshishai*, Natashquan.

MORIN, Michel, 1997, *L'Usurpation de la souveraineté autochtone. Le cas des peuples de la Nouvelle-France et des colonies de l'Amérique du Nord*, Montréal, Boréal.

MORRISON, James, 1994, *Quebec Algonquin Historical Research. An Assessment*, Ottawa, ministère des Affaires indiennes et du Développement du Nord du Canada, Direction de la recherche et de l'évaluation.

NEEDHAM, Joseph, 1956, *Science and Civilization in China*, vol. 2 : *History of Scientific Thought*, Cambridge, Cambridge University Press.

NICHOLS, Johanna, 1990, « Linguistic diversity and the first settlement of the New World », *Language. Journal of the Linguistic Society of America*, vol. 66, n° 3, p. 475-521.

OUWEHAND, C., 1964, *Namazu-e and their themes. An Interpretative Approach to Some Aspect of Japanese Folk Religion*, Leiden, E. J. Brill.

PACHANO, Jane (adaptation de), 1987, *Tchikabash*, d'après le récit de Goerdie Georgekish Sr., William Kapsu et John Mukash, traduit de l'anglais par Susan E. Iserhoff, illustrations de Malagosia Chelkowska, Chisasibi (Québec), Centre éducatif et culturel de la baie James.

PERBOSC, Antonin, 1988, *Le Langage des bêtes. Mimologismes populaires d'Occitanie et de Catalogne*, textes édités par Josiane Bru, préface de Daniel Fabre, Carcassonne, GARAE/HESIODE.

PERROT, Nicolas, 1999, *Mémoire sur les mœurs, coustume et relligion des sauvages de l'Amérique septentrionale* [1671], Montréal, Comeau et Nadeau.

PERRIN, M., 1976, *Le Chemin des Indiens morts*, Paris, Payot.

PETITOT, Émile, 1888, *Traditions indiennes du Canada nord-ouest. Textes originaux et traduction littérale*, Alençon, E. Renaut de Broise.

PIGGOTT, G. L. et A. Grafstein, 1983, *An Ojibwa Lexicon*, Ottawa, Service canadien d'ethnologie, dossier 90, Musée national de l'Homme, coll. « Mercure ».

QIU, Pu, 1984, *E Lun Chun Zu*, Beijing, Wenwu Chuban she chuban.

RADIN, Paul, 1926, *Crashing Thunder. The Autobiography of an American Indian*, New York, Appleton.

REY, Alain (dir.), 1998, *Dictionnaire historique de la langue française*, Paris, Le Robert.

ROGERS, Edward S., 1962, *The Round Lake Ojibwa*, Occasional Paper 5, Art and Archaeology Division, Royal Ontario Museum, University of Toronto.

—, 1969, « Band Organization among the Indians of Eastern Subarctic Canada », dans David Damas (dir.), *Contributions to Anthropology : Band Societies*, Ottawa, Musée national du Canada, bulletin 228, série anthropologique n° 84, p. 21-50.

ROUSSEAU, Jacques, 1952, « Persistances païennes chez les Amérindiens de la forêt boréale », *Les Cahiers des Dix*, n° 17, p. 183-208.

ROUSSEAU, Jacques et Madeleine, 1948, « La cérémonie de la tente agitée chez les Mistassini », *Actes du XXVIIe Congrès des Américanistes, Paris 1947*, Paris, Société des américanistes, Musée de l'Homme, p. 307-315.

RYJIK, Kyril, 1983, *L'Idiot chinois. Initiation à la lecture intelligible des caractères chinois*, Paris, Payot.

SALHINS, Marshall, 1976, *Âge de pierre, âge d'abondance. L'économie des sociétés primitives*, traduit de l'anglais par Tina Jolas, préface de Pierre Clastres, Paris, Gallimard.

SAVARD, Rémi, 1966, *Mythologie esquimaude. Analyse de textes nord-groenlandais*, Québec, Université Laval, Centre d'études nordiques.

—, 1971, *Carcajou et le sens du monde. Récits montagnais-naskapi*, Québec, ministère des Affaires culturelles, coll. « Civilisation du Québec », série « Cultures amérindiennes ».

—, 1973, « Discours culturel montagnais, bilan d'une recherche en cours. Structure du récit L'enfant couvert de poux », *Signes et langages des Amériques, Recherches amérindiennes au Québec*, vol. 3, n°s 1-2, p. 13-37.

—, 1977a, « Mythes et cosmologie des Indiens montagnais : résultats préliminaires », dans W. Cowan (dir.), *Actes du huitième congrès des algonquinistes*, Ottawa, Carleton University, p. 50-76.

—, 1977b, *Le Rire précolombien dans le Québec d'aujourd'hui*, Montréal, l'Hexagone/Parti pris.

—, 1979, *Contes indiens de la Basse-Côte-Nord du Saint-Laurent*, Ottawa, Service canadien d'ethnologie, Musée national de l'Homme, coll. « Mercure », dossier n° 51.

—, 1985, *La Voix des autres. Positions anthropologiques*, Montréal, l'Hexagone.

—, 2002, « Les peuples américains et le système judiciaire canadien : spéléologie d'un trou de mémoire », *Revue canadienne Droit et Société*, vol. 17, n° 2, p. 123-148.

—, 2003, « Obélix chez les Indiens : un scoop dépassé », *Le Devoir*, 25 novembre.

SCHMERLER, Henrietta, 1931, « Trickster marries his daughter », *Journal of American Folklore*, vol. 44, p. 196-207.

SCHULTZ, Beth A., Ripan S., Malhi, et David G. Smith, 2001, « Examining the Proto-Algonquian Migration : Analysis of mtDNA », *Actes du trente-deuxième congrès des Algonquinistes*, Winnipeg, Université du Manitoba, p. 470-492.

SEROV, S. Ia., 1988, « Guardians and Spirit-Masters of Siberia », dans W. W. Fitzhugh et A. Crowell, *Crossroads of Continents, Cultures of Siberia and Alaska*, Washington (D.C.), Smithsonian Institution Press, p. 241-255.

SIEBERT Jr., Frank T., 1967, « The original home of the proto-algonquian people », *Contribution to Anthropology : Linguistic I (Algonkian)*, Ottawa, Musée national du Canada, bulletin 214, série anthropologique n° 78, p. 13-47.

SKINNER, Alanson, 1911, « Notes on the eastern Cree and Northern Saulteaux », *Anthropological Papers of the American Museum of Natural History*, vol. 9, partie 1, p. 1-177.

—, 1916, « Plain Cree Tales », *Journal of American Folklore*, n° 29, p. 341-367.

SPECK, F. G., 1915a, *Myths and Folklore of the Timiskaming Algonquin and Timigami Ojibwa*, Ottawa, ministère des Mines, Commission géologique, mémoire 71, série anthropologique n° 9.

—, 1915b, *Thème décoratif de la Double Courbe dans l'art des Algonquins du Nord-Est,* Ottawa, ministère des Mines, Commission géologique, mémoire 42, série anthropologique n° 1.

—, 1925a, « Montagnais and Naskapi Tales », *Journal of American Folklore,* n° 38, p. 1-32.

—, 1925b, « Spiritual beliefs among Labrador Indians », *Proceedings,* Twenty-first International Congress of Americanists, p. 266-275.

—, 1977, *Naskapi. The Savage Hunter of the Labrador Peninsula* [1935], Norman, University of Oklahoma Press

STRUCK, Bernard, 1909, Kenntnis afrikanischer Erdbebenvorstellungen », *Globus,* Bd XCV, Brunswick, p. 85-90.

SWANTON, 1984, *The Indian Tribes of North America,* Smithsonian Institution, Bureau of American Ethnology, bulletin 145, Washington (D.C.), Smithsonian Institution Press.

THOMPSON, Stith (choisis et annotés par), 1966, *Tales of the North American Indians,* Bloomington, Indiana University Press.

THWAITES, Reuben G. (dir.), 1959, *The Jesuits Relations and Allied Documents : Travels and Explorations of the Jesuits Missionaries in New France, 1610-1791,* New York, Pageant Book Company, 73 vol. (réimpression de l'édition parue à Cleveland entre 1896 et 1901).

TROUBETSKOÏ, N. S., 1957, *Principes de phonologie,* traduit par J. Cantineau, Paris, Librairie C. Klincksieck.

TRUDEL, Marcel, 1963, *Histoire de la Nouvelle-France,* t. I : *Les Vaines Tentatives 1524-1603,* Montréal, Fides.

—, 1966, « Cartier, Jacques », « Champlain, Samuel de », « Gravé du Pont, François », *Dictionnaire biographique du Canada,* t. I, p. 171-177, p. 192-204, p. 355-356.

—, 2001, *Mythes et réalités dans l'histoire du Québec,* Montréal, Hurtubise HMH.

TUITE, Kevin, 1998, « Evidence for Prehistoric Links between the Caucasus and Central Asia : The Case of the Burushos », dans Victor H. Mair (dir.), *The Bronze Age and Early Iron Age Peoples of Eastern Central Asia : Zhong Ya dong bu qing tong he zao qi tie qi shi dai de zhu min,* vol. I : *Archeology, Migration and Nomadism, Linguistic,* Washington (D.C.), Institute for the Study of Man/University of Pennsylvania Museum Publication.

TURNER, Lucien M., 1894, « Ethnology of the Ungava District, Hudson Bay Territory », *Eleventh Annual Report of the Bureau of Ethnology 1889-1890,* Washington, Government Printing Office, p. 159-350.

UAPISTAN, Kaniste et Pierre Courtois (raconté par), 1980, *Tshishai,* illustré par Denis Mestokosho, Antoine Ishpatao et Daniel Ispatao, Natashquan, 24 janvier.

VAILLANCOURT, Louis-Philippe, 1992, *Dictionnaire français-cri. Dialecte québécois,* Sillery (Canada), Presses de l'Université du Québec.

VASTOKAS, Joan M. et K. Vastokas, 1973, *Sacred Art of the Algonkians,* Peterborough, Mansard Press.

VIEYRA, M., 1963, « La mythologie en Sumer, à Babylone et chez les Hittites », dans P. Grimal (dir.), *Mythologies de la Méditerranée au Gange,* Paris, Larousse, p. 58-83.

VINCENT, Sylvie, 1973, « Discours culturel montagnais, bilan d'une recherche en cours. Structure du rituel : la tente tremblante et le concept de *mista.pe.w*», *Signes et langages des Amériques, Recherches amérindiennes au Québec,* vol. 3, nos 1-2, p. 69-83.

—, 1977, « Structures comparées du Rite et des Mythes de la tente tremblante », dans William Cowan (dir.), *Actes du huitième congrès des Algonquinistes,* Ottawa, Carleton University, p. 90-100.

WILLIS, Roy (dir.), 1996, *World Mythology,* New York, Henry Holt and Company.

YARROW, H. C., 1881, « A further contribution to the study of the mortuary customs of the North American Indians », *First Annual Report of the Bureau of Ethnology 1879-1880,* Washington (D.C.), Smithsonian Institution.

ZHENG, Chantal, 1989, *Mythes et croyances du monde primitif chinois,* Paris, Payot.

ZUMTHOR, Paul, 1983, *Introduction à la poésie orale,* Paris, Seuil.

—, 1987, *La Lettre et la Voix. De la « littérature » médiévale,* Paris, Seuil.

Table des matières

EXTRAIT DU CATALOGUE

Thomas R. Berger
La Sombre Épopée.
Valeurs européennes et droits
ancestraux en Amérique
1492-1992

Serge Bouchard
Récits de Mathieu Mestokosho,
chasseur innu

Louise Côté, Louis Tardivel
et Denis Vaugeois
L'Indien généreux. Ce que le
monde doit aux Amériques

Denys Delâge
Le Pays renversé. Amérindiens et
Européens en Amérique du Nord-
Est, 1600-1664

Renée Dupuis
Quel Canada pour les
Autochtones ? La fin de l'exclusion

Tribus, Peuples et Nations. Les
nouveaux enjeux des
revendications autochtones au
Canada

La Question indienne
au Canada

François-Marc Gagnon
et Denise Petel
Hommes effarables et bestes
sauvaiges

Michel Morin
L'Usurpation de la souveraineté
autochtone. Le cas des peuples de
la Nouvelle-France et des colonies
anglaises de l'Amérique du Nord

Rémi Savard
La Forêt vive. Récits fondateurs
du peuple innu

Bruce G. Trigger
Les Indiens, la Fourrure et les Blancs. Français et Amérindiens en Amérique du Nord

Denis Vaugeois
La Fin des alliances franco-indiennes. Enquête sur un sauf-conduit de 1760 devenu un traité en 1990

Roland Viau
Enfants du néant et mangeurs d'âmes. Guerre, culture et société en Iroquoisie ancienne

Femmes de personne. Sexes, genres et pouvoirs en Iroquoisie ancienne

MISE EN PAGES ET TYPOGRAPHIE :
LES ÉDITIONS DU BORÉAL

ACHEVÉ D'IMPRIMER EN OCTOBRE 2004
SUR LES PRESSES DE TRANSCONTINENTAL IMPRESSION
IMPRIMERIE GAGNÉ, À LOUISEVILLE (QUÉBEC).